笑わない数学
WARAWANAI SŪGAKU

編
NHK「笑わない数学」
制作班

JN028835

KADOKAWA

はじめに

preface

「笑わない数学」ファンの皆様、お待たせしました！　ここに、謹んで「わらすう」の書籍版をお届けします！

2022年7月から放送が始まった「わらすう」は、同年9月までに計12本を放送しました。「素数」「無限」「四色問題」「P対NP問題」…。毎週、天才数学者たちを苦しめた超難問を一つ取り上げ、まずは誰もが知っている簡単な話から説き起こし、数学者たちの数奇な人生をたどり、最後はひょっとしたら専門家もびっくりの最先端までをご紹介するというスタイルで、これまでにない本格エンターテインメント番組を目指してきました。2023年10月からはシーズン2をお送りしています。

最先端数学の世界は、数学の専門家ではない人たち（もちろん番組スタッフも含みます）にとって、めったに触れる機会がない未知の世界です。いや、「自分には全然関係ないや」とか、「めんどくさいだけで超つまらない」とか、見向きもしない世界かも知れません。けど時折、「超難問を解き明かそうとして人生をかけて敗れ去った数学者がいた」とか、「誰も思いつかなかった概念を何十年もかかって編み出した数学者がいる」とか、そんなことを耳にするたびに、「数学にはひょっとしたら、私たちが知らないとてつもない魅力が隠れているんじゃないか？」という思いが浮かぶことがありました。そうでなければ、数々の天才たちが人生をかけたりするはずないと思ったからです。

もちろん、難しい数式や概念を理解することや、それを味わったり楽しんだりすることは、私たち数学の素人にとってはむちゃくちゃハードルが高いことでしょう。でも、数学に知られざる魅力があるなら、私たちだって味わいたいし、芸術家たちが遺した絵画や音楽を気軽に楽しむように、数学というアート作品を楽しんだっていいはずです。「わらすう」という番組は、ちょっとカッコつけて

言うなら、そんな思いで誕生しました。

　制作スタッフが悩んだのは、恐ろしく難解な世界にどうしたら視聴者の皆さんを引っ張り込めるかということでした。とてつもない魅力があるとしても、最先端数学の圧倒的な敷居の高さを乗り越えるための大きなパワーが必要だと感じたわけです。「めちゃくちゃ難しいけど、その先にとてつもない世界があるからついてこい!」というような感じで引っ張ってくれる"理屈を超えたパワー"。そのパワーには、厭味（いやみ）のないまっすぐさを兼ね備えていてほしいとも思いました。番組MCをパンサーの尾形貴弘さんにお願いしたのはそんな発想からでした。あのまっすぐなパワーがなければ、「わらすう」という番組はできなかったでしょう。

　そんな感じで放送がはじまり、ありがたいことに多くのファンに支えられることになった「わらすう」ですが、制作スタッフが驚いたことがありました。番組にメッセージを下さる方々が実に多岐にわたっていたことです。小学生やその親御さん、中高生や大学生、そしてバリバリの現役世代から一線を退いた高齢の方々まで。特異な世界を取り上げる番組がなぜこれほど幅広い人々に受け入れられたのか？　その理由はもしかしたら、私たちはどの世代も、ある意味で「数学に挫折した経験」を持っているからかも知れない、と思うようになりました。考えてみればこの挫折感は、数学の専門家になれた人たちを除いて、広く共通する感覚なのかもしれません。もし数学を嫌いにならなかったら、あるいは難解な世界を楽しめる力があったら、自分の人生には全く別の世界線があったかも知れない。そんな後悔と憧れをない混ぜにしたような、ちょっと甘くて酸っぱい「数学への思い」が私たちの奥底にあるのかもしれない…。そんなことを思ったわけです。ちなみに「わらすう」スタッフには理科系がやや多いのですが、この思い、ちゃんと全員が共有しています!

　ということで、この本を手に取っていただいた方々は、数学への思いをこじらせながら、同時にそれをとても大切にしている方々なんじゃないかと想像しています。ですからこの本には、そんな素敵な皆さんにも満足していただけるように、番組に盛り込めなかった数々のエピソードや驚きの数学理論を可能な限り詰め込みました。

　あるときは番組をもう一度見直していただきながら、またあるときはこの本でとっておきのこぼれ話を味わっていただきながら、数学の面白さ、不思議さ、そして目を見張るような凄みを、何度でも体感していただけたらと思います。

NHK「笑わない数学」　番組制作スタッフ一同

contents

staff

監修
NHK「笑わない数学」制作班
（井手真也、立花達史）
小山信也、中本敦浩
楠岡成雄、青木美穂

ライター
龍孫江、キグロ、onewan

本文デザイン
角倉織音（OCTAVE）

本文イラスト
竹田嘉文

DTP・図版作成
株式会社フォレスト

校正
佐々木和美

協力
株式会社NHKエンタープライズ
（服部紗織、大井紗奈）

編集
小嶋康義

この本について

本書の内容はNHK「笑わない数学」の放送内容を書き起こし、それを再構成し、そして番組では触れられなかった内容を盛り込んだものとなっています。各テーマを次のように構成しました。

Chapter 0

そのテーマの序章として、テーマが属する数学分野の解説やテーマに関連する事柄、読む前に押さえておきたい前提知識などをまとめました。

Chapter1 以降

放送内容の書き起こしをベースに以下の要素を追加しました。

エディターズノート

番組で扱えなかった大学の数学科で研究するような高度な内容を主に扱っています。下手に深入りせず、数学の奥深さを体感いただけるように、できる限り平易な文章にまとめました。それでも、心して読んでください!!

サイドノート

放送内容の理解を助ける補足です。中学校や高等学校で学習する数学の内容を主に扱っています。難解な数学を理解するためには、中学校や高等学校で学習する初等的な内容も重要であることを実感しつつ読んでいただけたら幸いです。

Chapter編集後記

そのテーマの総括です。難解な数学を番組ではたったの30分に凝縮しています。さらに書籍化しても、たったの30ページ程度に凝縮しています。読者の皆様には数学の奥深さを体感していただきたいという思いで本編を書きましたが、それでもお伝えできない内容がありますので、超簡単にその概略をまとめました。編集後記の最後には参考文献のリストを掲載していますので、「もっと詳しく知りたい」「もう一度、数学を勉強してみるか」と思った方は、このリストを参考に「数学沼」に落ちていただけたらと思います。

素数

prime number

Chapter 0

素数に関する謎は多い！

「**素数**」には数学者を惹きつけてやまない数々の謎があります。

Chapter1以降で「**双子素数の謎**」（p.10）や「**リーマン予想**」（p.27）という未解決問題を紹介しますが、素数に関する未解決問題はまだまだたくさんあります。たとえば、次の「**ゴールドバッハ予想**」が有名です。

未解決問題	**ゴールドバッハ予想**
	4以上の偶数はすべて、2つの素数の足し算で表すことができる。

この予想はドイツの数学者クリスティアン・ゴールドバッハが、天才数学者オイラー（p.14）に宛てた手紙から生まれたものです。ゴールドバッハとオイラーはこの他にも数論に関する議論を手紙でやり取りした記録が残っていて、ゴールドバッハがオイラーを数論の道に引き込んだともいわれています。

さて、ゴールドバッハ予想について、4から順に確か

**クリスティアン・
ゴールドバッハ**
（1690〜1764）

めてみましょう。

$$4 = 2 + 2 \qquad 6 = 3 + 3 \qquad 8 = 3 + 5 \qquad 10 = 3 + 7 = 5 + 5$$
$$12 = 5 + 7 \qquad 14 = 3 + 11 = 7 + 7 \qquad 16 = 3 + 13 = 5 + 11$$
$$18 = 5 + 13 = 7 + 11 \qquad 20 = 3 + 17 = 7 + 13$$

20までは確かに2つの素数の足し算で表せますね。

実は、コンピュータを使って4×10^{18}以下の偶数は2つの素数の足し算で表せることが確かめられています。

しかし、さらに大きい偶数ではどうでしょう。ゴールドバッハ予想は正しいと思いますか？ それとも、間違っている（2つの素数の足し算で表せない偶数がひとつでも存在する）と思いますか？

ゴールドバッハ予想の研究は進んでいて、次の「**弱いゴールドバッハ予想**」が2013年に正しいことが証明されました。

弱いゴールドバッハ予想
7以上の奇数はすべて、3つの素数の足し算で表すことができる。

なぜ弱いゴールドバッハ予想と呼ばれるか簡単に説明します。

ゴールドバッハ自身は、もともとオイラーへの手紙に以下の予想を記していました。これは、先ほどのゴールドバッハ予想の言い換えになっています。

未解決問題 ## ゴールドバッハ予想（言い換え）
6以上の整数はすべて、3つの素数の足し算で表すことができる。

この"6以上の整数"の部分を"7以上の奇数"と条件を弱めたので、弱いゴールドバッハ予想と呼ばれているのです。

謎が多い素数ですが、テーマ1では「**双子素数の謎**」と、素数最大の謎である「**素数が出現するタイミング**」に焦点を当てます。

数多くの数学者が挑んできたこれらの謎に迫ってみましょう。

Chapter 1

素数って何者!?

改めて、「**素数**」とは次のような数のことをいいます。

素数

1と自分自身でしか割り切れない自然数

つまり

$$2 \quad 3 \quad 5 \quad 7 \quad 11 \quad 13 \quad 17 \quad 19 \quad 23 \quad 29 \quad \cdots\cdots$$

といった数です。素数は無限に存在することがわかっています（素数が無限に存在することの証明は次のページで確認してみてください）。

　一方で、素数は「**数の原子**」とも呼ばれています。その理由は、どんな数でも素数の掛け算に分解（素因数分解）できるからです。たとえば、

$$10 = 2 \times 5 \qquad 30 = 2 \times 3 \times 5$$

のように分解できます（2つ以上の素数の積で表される数を「**合成数**」と呼びます）。

　もっと大きな数、たとえば「215820」でも本当に素数に分解できるでしょうか？

$$
\begin{array}{r}
2\,)\,\underline{215820} \\
2\,)\,\underline{107910} \\
3\,)\,\underline{53955} \\
3\,)\,\underline{17985} \\
5\,)\,\underline{5995} \\
11\,)\,\underline{1199} \\
109
\end{array}
$$

215820を素因数分解すると、$2 \times 2 \times 3 \times 3 \times 5 \times 11 \times 109$ となります

　このように、素数とはすべての数のもとになっている最も基本的な数なのです。

テーマ1 素数

素数が無限に存在することの証明

素数が無限に存在することは約2300年前に古代ギリシャの数学者ユークリッドによって証明されています。ユークリッドは『原論』の中で次のような証明を記しています。

Proof 異なる素数 p_1、p_2、p_3、……、p_n を使って、次のような数 N を作る。

$$N = p_1 \times p_2 \times p_3 \times \cdots \times p_n + 1$$

この数 N は素数か合成数のどちらかである。

素数であれば、p_1、p_2、p_3、……、p_n とは異なる素数である。

合成数であれば、p_1、p_2、p_3、……、p_n で割り切れないので、それらとは異なる素数で割り切れなければならない。

よって、p_1、p_2、p_3、……、p_n と異なる新しい素数 p_{n+1} があることがわかる。

これを繰り返すと、次々に新しい素数 p_{n+2}、p_{n+3}、p_{n+4}、…… があることになり、素数が無限にあることがわかる。 Q.E.D.

ユークリッドの他にも数多くの数学者が「素数が無限に存在することの証明」を編み出しています。

ここでは、オイラーが編み出した証明を紹介します。オイラーが導き出した次のゼータ関数の「**オイラー積**」表示

$$1+\frac{1}{2^s}+\frac{1}{3^s}+\frac{1}{4^s}+\frac{1}{5^s}+\cdots = \frac{2^s}{2^s-1}\times\frac{3^s}{3^s-1}\times\frac{5^s}{5^s-1}\times\frac{7^s}{7^s-1}\times\cdots \quad ①$$

を応用することで素数が無限に存在することが示せます。ただし、s は1より大きい実数とします。また、①の右辺はすべての素数についての掛け算です。

Proof ①の s を1に限りなく近づける。

このとき①の左辺は調和級数と呼ばれるものになり、その値は無限大に発散する。

もし、素数が有限個であると仮定すると、①の右辺は有限個の積（つまり、有限な値）であるから、矛盾する。

よって、素数は無限に存在する。 Q.E.D.

双子素数の謎

ここでは、無数にある素数の中でも、3と5、5と7、11と13のような1つ飛びのペアに注目します。

これらのペアは、仲良く隣り合っている素数であることから、「**双子素数**」と呼ばれています。

1	2	3	4	5	6	7	8	9	10
11	12	13	14	15	16	17	18	19	20
21	22	23	24	25	26	27	28	29	30
31	32	33	34	35	36	37	38	39	40
41	42	43	44	45	46	47	48	49	50
51	52	53	54	55	56	57	58	59	60
61	62	63	64	65	66	67	68	69	70
71	72	73	74	75	76	77	78	79	80

1017　1018　1019　1020　1021　1022

この双子素数は数が大きくなればなるほど、なかなか現れなくなりますが、とても大きな数になっても思い出したかのように現れます。

双子素数について、次の謎があります。

未解決問題
双子素数は、どれだけ数が大きくなってもちゃんと出現するのか？それとも、あるところからなくなってしまうのか？

エディターズノート

双子素数の現在

2022年11月現在で知られている最大の双子素数は、388,342 桁の $2996863034895 \times 2^{1290000} \pm 1$ です。これは、2016年9月に「Prime Grid」というプロジェクトによって発見されました。

さらに、「差が246以下」の素数の組が無数にあることが証明されています。この差を小さくして「差が2」の素数の組が無数にあることが示せれば、上の未解決問題が解かれたことになります。

Chapter 3

最大の素数

　素数の魅力に取りつかれているのは、数学者だけではありません。世界中に素数を愛してやまない素数ファンがあふれています。

　「Great Internet Mersenne Prime Search（GIMPS）」というプロジェクトがあり、とにかく巨大な素数を見つけたいと願う世界中の人たちが参加しています。巨大な素数を見つけるには、膨大な計算が必要なため、世界中のパソコンをインターネットでつないで、みんなで探しています。

　このプロジェクトで発見した2022年11月時点での最大の素数は24,862,048桁の$2^{82,589,933}-1$です。

エディターズノート

メルセンヌ素数

　GIMPSは「**メルセンヌ素数**」という素数の発見を目的として1996年に発足しました。

　まず、2^n-1（nは自然数）と表せる数を「**メルセンヌ数**」といいます。たとえば

$$1(=2^1-1)、\qquad 3(=2^2-1)、\qquad 7(=2^3-1)、$$
$$15(=2^4-1)、\qquad 31(=2^5-1)、\qquad 63(=2^6-1)$$

などです。

　そして、素数であるメルセンヌ数をメルセンヌ素数といいます。たとえば

$$3、\quad 7、\quad 31、\quad 127(=2^7-1)、\quad 8191(=2^{13}-1)$$

などです。

　実は、メルセンヌ素数が無限に存在するかどうかも未解決問題です。

　2022年11月時点で、51個のメルセンヌ素数が見つかっています。

Chapter 4

素数最大の難問へ

　何世紀もの間、数学者たちを悩ませてきた素数最大の難問があります。それは、

未解決問題　素数はどんなタイミングで出現するのか？

という問題です。

　まずは、素数が出てくるタイミングを体感してみましょう。
　次の表は自然数を1から200まで並べ、素数に色をつけたものです。
　どうでしょうか？　素数が現れるタイミングはとっても気まぐれで、ばらばらだと思いませんか？

1	2	3	4	5	6	7	8	9	10
11	12	13	14	15	16	17	18	19	20
21	22	23	24	25	26	27	28	29	30
31	32	33	34	35	36	37	38	39	40
41	42	43	44	45	46	47	48	49	50
51	52	53	54	55	56	57	58	59	60
61	62	63	64	65	66	67	68	69	70
71	72	73	74	75	76	77	78	79	80
81	82	83	84	85	86	87	88	89	90
91	92	93	94	95	96	97	98	99	100
101	102	103	104	105	106	107	108	109	110
111	112	113	114	115	116	117	118	119	120
121	122	123	124	125	126	127	128	129	130
131	132	133	134	135	136	137	138	139	140
141	142	143	144	145	146	147	148	149	150
151	152	153	154	155	156	157	158	159	160
161	162	163	164	165	166	167	168	169	170
171	172	173	174	175	176	177	178	179	180
181	182	183	184	185	186	187	188	189	190
191	192	193	194	195	196	197	198	199	200

もっと大きな数でも調べてみましょう。

たとえば、このあたりの100個ではどうでしょうか？

双子素数がいくつかあり、あとは大体10個おきくらいに素数が現れていますね。

83201	83202	83203	83204	83205	83206	83207	83208	83209	83210
83211	83212	83213	83214	83215	83216	83217	83218	83219	83220
83221	83222	83223	83224	83225	83226	83227	83228	83229	83230
83231	83232	83233	83234	83235	83236	83237	83238	83239	83240
83241	83242	83243	83244	83245	83246	83247	83248	83249	83250
83251	83252	83253	83254	83255	83256	83257	83258	83259	83260
83261	83262	83263	83264	83265	83266	83267	83268	83269	83270
83271	83272	83273	83274	83275	83276	83277	83278	83279	83280
83281	83282	83283	83284	83285	83286	83287	83288	83289	83290
83291	83292	83293	83294	83295	83296	83297	83298	83299	83300

さらに、もう少し大きな数のこのあたりの100個ではどうでしょうか。

134514から134580まで実に67個も合成数が続いています（このような合成数が連続している区間は「**素数砂漠**」と呼ばれています）。

134501	134502	134503	134504	134505	134506	134507	134508	134509	134510
134511	134512	134513	134514	134515	134516	134517	134518	134519	134520
134521	134522	134523	134524	134525	134526	134527	134528	134529	134530
134531	134532	134533	134534	134535	134536	134537	134538	134539	134540
134541	134542	134543	134544	134545	134546	134547	134548	134549	134550
134551	134552	134553	134554	134555	134556	134557	134558	134559	134560
134561	134562	134563	134564	134565	134566	134567	134568	134569	134570
134571	134572	134573	134574	134575	134576	134577	134578	134579	134580
134581	134582	134583	134584	134585	134586	134587	134588	134589	134590
134591	134592	134593	134594	134595	134596	134597	134598	134599	134600

数の原子とも呼ばれ、すべての数の基礎になっているはずの素数なのに、なんでこんなに気まぐれな並び方をしているのでしょうか？ もしかしたら、これに誰も気づいていない規則があったりするのでしょうか。

この謎が、数学者たちをずっと悩ませてきたのです。

未解決問題

気まぐれな素数の並び方に規則はあるのか？

Chapter 5

数学者オイラーの挑戦

　素数の並び方の謎は何世紀もの間、数学者を悩ませてきました。

　しかし、誰一人として手がかりを見つけることができずに、2000年以上の月日が経過しました。

　そんな中、人類史に輝く素数に関する大発見を成し遂げたのが、18世紀を代表するスイス人数学者レオンハルト・オイラーでした。

　オイラーは、まるで息をするかのように計算をするといわれた天才数学者ですが、31歳のときに病気で右目の視力を失ってしまいます。

　しかし、オイラーは

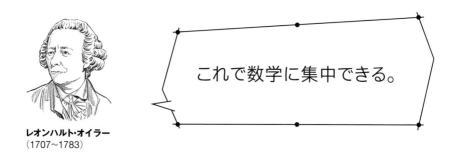

これで数学に集中できる。

レオンハルト・オイラー
（1707〜1783）

と言い放ったといわれています。

　素数の並び方の謎に挑むことにしたオイラーは、まず、素数を1つ1つ自分の手で探すことから始めました。

　そして頭の中で、素数に出会ったときだけ段が上がる階段、いわば「**素数階段**」（右ページ）を想像してみたのです。

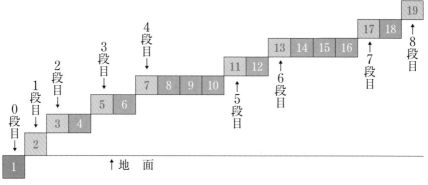

素数階段

　もちろん、パソコンも電卓もない時代でしたので、オイラーは地道に手計算で素数を求めたことでしょう。素数階段の段を踏みしめ、素数が現れるタイミングに何か規則があるのかと、思考を巡らせたはずです。

　当時は素数の並び方には意味はないと思われていた時代でしたので、周りの数学者たちはオイラーに対して冷ややかだったに違いありません。
　しかし、オイラーは、素数の並び方には何か意味があるはずだと自分の直感を信じ、研究を続けました。
　そして、とんでもない大発見をするのです。

　ある数学の問題を解く過程で、オイラーは2、3、5、7、…と永遠に続く素数を使った次の掛け算の計算を試したところ、

$$\frac{2^2}{2^2-1}\times\frac{3^2}{3^2-1}\times\frac{5^2}{5^2-1}\times\frac{7^2}{7^2-1}\times\frac{11^2}{11^2-1}\times\frac{13^2}{13^2-1}\times\frac{17^2}{17^2-1}\times\cdots\cdots=\frac{\pi^2}{6}$$

となることを突き止めたのです。πは3.1415…と続く「**円周率**」です。（この計算については、次のページから簡単にまとめています）

ばらばらで決して美しいとはいえない素数だけを使った掛け算が、この宇宙で最も美しい形である円と関係がある円周率とつながったのです。このことが驚くべき大発見でした。

ニコライ・ムニェフ
（ステクロフ数学研究所 教授）

> 数学者たちにとって衝撃でした。
> まさに大ショックでした。オイラーの発見によって、
> 素数はただの無秩序な存在では
> ないかもしれないと多くの人が
> 初めて感じるようになったのです。

オイラーの発見によって「素数の並びには何か大切な意味があるかもしれない」という機運が一気に高まったのです。

エディターズノート

オイラーの驚くべき大発見

オイラーはどのようにして

$$\frac{2^2}{2^2-1}\times\frac{3^2}{3^2-1}\times\frac{5^2}{5^2-1}\times\frac{7^2}{7^2-1}\times\frac{11^2}{11^2-1}\times\frac{13^2}{13^2-1}\times\frac{17^2}{17^2-1}\times\cdots\cdots=\frac{\pi^2}{6}$$

を発見できたのでしょうか。

実は、オイラーはまったく別の問題について考えていました。その問題は**「バーゼル問題」**という、自然数の平方の逆数の総和に関する問題でした。式にすると次のように表せます。

$$1+\frac{1}{2^2}+\frac{1}{3^2}+\frac{1}{4^2}+\frac{1}{5^2}+\frac{1}{6^2}+\frac{1}{7^2}+\frac{1}{8^2}+\frac{1}{9^2}+\cdots\cdots$$

オイラーはバーゼル問題の答えが$\frac{\pi^2}{6}$であることを突き止めました。

$$1+\frac{1}{2^2}+\frac{1}{3^2}+\frac{1}{4^2}+\frac{1}{5^2}+\frac{1}{6^2}+\frac{1}{7^2}+\frac{1}{8^2}+\frac{1}{9^2}+\cdots\cdots=\frac{\pi^2}{6}$$

後は、この式の左辺が

$$\frac{2^2}{2^2-1}\times\frac{3^2}{3^2-1}\times\frac{5^2}{5^2-1}\times\frac{7^2}{7^2-1}\times\frac{11^2}{11^2-1}\times\frac{13^2}{13^2-1}\times\frac{17^2}{17^2-1}\times\cdots\cdots$$

であることを示すことができれば、完成です。

このことを証明してみましょう。まず、

$$x=1+\frac{1}{2^2}+\frac{1}{3^2}+\frac{1}{4^2}+\frac{1}{5^2}+\frac{1}{6^2}+\frac{1}{7^2}+\frac{1}{8^2}+\frac{1}{9^2}+\cdots\cdots$$

とします。この式の両辺に $\frac{1}{2^2}$ を掛けたものを、この式から引くと

$$\left(1-\frac{1}{2^2}\right)x=1+\frac{1}{3^2}+\frac{1}{5^2}+\frac{1}{7^2}+\frac{1}{9^2}+\frac{1}{11^2}+\frac{1}{13^2}+\frac{1}{15^2}+\frac{1}{17^2}+\cdots\cdots$$

となります。（右辺から分母が $(2k)^2$ の分数が消える）

さらに、この式の両辺に $\frac{1}{3^2}$ を掛けたものを、この式から引くと

$$\left(1-\frac{1}{2^2}\right)\left(1-\frac{1}{3^2}\right)x=1+\frac{1}{5^2}+\frac{1}{7^2}+\frac{1}{11^2}+\frac{1}{13^2}+\frac{1}{17^2}+\frac{1}{19^2}+\frac{1}{23^2}+\frac{1}{25^2}+\cdots\cdots$$

となります。（右辺から分母が $(3k)^2$ の分数が消える）

さらにさらに、この式の両辺に $\frac{1}{5^2}$ を掛けたものを、この式から引くと

$$\left(1-\frac{1}{2^2}\right)\left(1-\frac{1}{3^2}\right)\left(1-\frac{1}{5^2}\right)x=1+\frac{1}{7^2}+\frac{1}{11^2}+\frac{1}{13^2}+\frac{1}{17^2}+\frac{1}{19^2}+\frac{1}{23^2}+\cdots\cdots$$

となります。（右辺から分母が $(5k)^2$ の分数が消える）

以降、同じように $\frac{1}{(素数)^2}$ を式の両辺に掛けたものを引くという計算を繰り返すと

$$\left(1-\frac{1}{2^2}\right)\left(1-\frac{1}{3^2}\right)\left(1-\frac{1}{5^2}\right)\left(1-\frac{1}{7^2}\right)\left(1-\frac{1}{11^2}\right)\left(1-\frac{1}{13^2}\right)\left(1-\frac{1}{17^2}\right)\times\cdots\cdots\times x=1$$

となります。（素因数分解の一意性から、右辺は1だけになる）

よって、この式を変形すると

$$\left(\frac{2^2-1}{2^2}\right)\left(\frac{3^2-1}{3^2}\right)\left(\frac{5^2-1}{5^2}\right)\left(\frac{7^2-1}{7^2}\right)\left(\frac{11^2-1}{11^2}\right)\left(\frac{13^2-1}{13^2}\right)\left(\frac{17^2-1}{17^2}\right)\times\cdots\cdots\times x=1$$

$$x=\frac{2^2}{2^2-1}\times\frac{3^2}{3^2-1}\times\frac{5^2}{5^2-1}\times\frac{7^2}{7^2-1}\times\frac{11^2}{11^2-1}\times\frac{13^2}{13^2-1}\times\frac{17^2}{17^2-1}\times\cdots\cdots$$

となるので、

$$\frac{2^2}{2^2-1}\times\frac{3^2}{3^2-1}\times\frac{5^2}{5^2-1}\times\frac{7^2}{7^2-1}\times\frac{11^2}{11^2-1}\times\frac{13^2}{13^2-1}\times\frac{17^2}{17^2-1}\times\cdots=\frac{\pi^2}{6}$$

であることがわかりました。
ちなみに、オイラーは

$$\frac{2^2}{2^2-1}\times\frac{3^2}{3^2-1}\times\frac{5^2}{5^2-1}\times\frac{7^2}{7^2-1}\times\frac{11^2}{11^2-1}\times\frac{13^2}{13^2-1}\times\frac{17^2}{17^2-1}\times\cdots=\frac{\pi^2}{6}$$

以外にも

$$\frac{2^4}{2^4-1}\times\frac{3^4}{3^4-1}\times\frac{5^4}{5^4-1}\times\frac{7^4}{7^4-1}\times\frac{11^4}{11^4-1}\times\frac{13^4}{13^4-1}\times\frac{17^4}{17^4-1}\times\cdots=\frac{\pi^4}{90}$$

$$\frac{2^6}{2^6-1}\times\frac{3^6}{3^6-1}\times\frac{5^6}{5^6-1}\times\frac{7^6}{7^6-1}\times\frac{11^6}{11^6-1}\times\frac{13^6}{13^6-1}\times\frac{17^6}{17^6-1}\times\cdots=\frac{\pi^6}{945}$$

など、様々な値を計算したことが知られています。
さらに、後にリーマンが左辺の指数部分（数の肩の数）を s とした式を「**ゼータ関数**」と名付けました。（ゼータ関数はp.24で登場します）

$$\zeta(s)=\frac{2^s}{2^s-1}\times\frac{3^s}{3^s-1}\times\frac{5^s}{5^s-1}\times\frac{7^s}{7^s-1}\times\frac{11^s}{11^s-1}\times\frac{13^s}{13^s-1}\times\frac{17^s}{17^s-1}\times\cdots$$

Chapter 6
数学者ガウスの挑戦

オイラーは、素数がどんなタイミングで出現するのか、その規則性を見つけることはできませんでした。

そこへ、オイラーと入れ替わるようにして、次なる天才数学者が現れます。ドイツ人数学者のカール・フリードリヒ・ガウスです。

ガウスは数学史上最大の天才ともいわれ、3歳のときに父親の計算間違いを指摘したという逸話が残されています。

また、ガウスは、

カール・フリードリヒ・ガウス
（1777〜1855）

> 言葉を覚えるより前に
> 計算のやり方は理解していた

と語っていたといわれています。

そんなガウスは、少年時代から素数に興味を持ち始め、オイラーがのぼった素数階段を頭の中でのぼり始めました。

ただ、ガウスがオイラーと違っていたのは、その手に「**自然対数表**」を持っていたことでした。

自然対数表はカタツムリの渦巻きや台風、銀河など、自然界で見られるらせんの形と関係があります。

自然対数表の左側の数字は、らせんの中心からある点までの距離に対応し、その右側の数字は、その点までの巻き数に対応します。

カタツムリの渦巻き

自然対数表	
1	0
2	0.693147181…
3	1.098612289…
4	1.386294361…
5	1.609437912…
6	1.791759469…
7	1.945910149…
8	2.079441542…
9	2.197224577…
10	2.302585093…

らせんの中心から
ある点までの距離

距離1の点からそ
の点までの巻き数

　そして、ガウスは「自然対数表を使えば、素数階段の高さを予言できる」と
言い出したのです。
　いったいどういう意味でしょうか？　素数階段をのぼって調べてみましょう。

　最初に素数9227で確かめてみましょう。
　まずは、自然対数表から9227を探し、次
の割り算をします。

9226	9.129781…
9227	9.129889…
9228	9.129998…

自然対数表

$$9227 \div 9.129889\cdots\cdots = 1010.63657\cdots\cdots$$

　割り算の答えは約1010。これが素数階段の高さ、つまり今いる段が何番目
の素数なのかと一致しているのでしょうか？
　しかし、素数9227は1144番目の素数ですので、一致していません。予言は
正しくなさそうです。

ちなみに、このときの誤差は11.7%です。

素数階段

他の素数でも確認してみましょう。素数階段をしばらくのぼり、今度は素数262069で確認してみましょう。

同じようにして、自然対数表から262069を探し、割り算をしてみます。

262068	12.47636…
262069	12.47636…
262070	12.47637…

自然対数表

$$262069 \div 12.47636\cdots = 21005.239888\cdots$$

割り算の答えは約21005ですが、素数262069は22992番目の素数ですので、ここでも一致していません。

しかし、誤差は8.6%であり、先ほどより小さくなっていることがわかります。

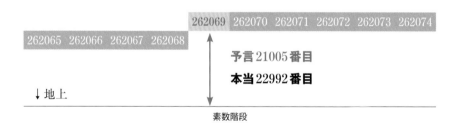

素数階段

ガウスが発見したことは、階段をのぼっていくと誤差がどんどん小さくなり、最終的には素数階段の高さと自然対数表の計算がぴたりと一致するという事実だったのです。(このことを「素数定理」といいます。詳細はp.23をご覧ください)

素数と自然対数表の不思議な関係はわかりましたか?

この事実は、素数が自然界の重要な定数e（**自然対数**の底）[★01]と密接につながる

ことを示す、大発見として数学史に刻まれました。

ドン・ザギエ
（マックス・プランク
数学研究所 教授）

円周率π と**自然対数の底** e は
自然界で 最も重要 な2つの数です。
不規則にしかみえない素数が、
実は数のキングとクイーン、
つまり、π と e に関係があるという結論は
素数が自然界の重要な構成要素である
ことを示唆しているのです。

誤 差 の 求 め 方 ｜ サイドノート ｜

素数9227について出てきた次の2つの数

割り算の答え「1010」
9227は「1144」番目の素数

この2つの数の誤差の求め方について考えてみましょう。
そもそも、この場合の誤差とは何なのでしょうか？
この場合の誤差は、計算で求めた数「1010」が本当の数「1144」からどの程度
離れているか、ということを表した割合です。
そこで、まず、2つの数の差を求めます。

$$1144 - 1010 = 134$$

この差を、本当の数「1144」で割ります。

$$134 \div 1144 = 0.1171\cdots\cdots$$

%で表すために、この数に100をかけると、誤差は約11.7%であると求めること
ができました。
同じようにして、素数262069について誤差を計算してみてください。誤差8.6%
となりましたか？

[★01]　自然対数表の左側の数 x に対して、右側の数を x の「**自然対数**」と呼び、$\log_e x$ で表す。数 e は「**ネ
イピア数**」とも呼ばれ、その値は $e = 2.7182\cdots\cdots$ である。

素数定理

ガウスが発見した

> 階段をのぼっていくと誤差がどんどん小さくなり、最終的には
> 素数階段の高さと自然対数表の計算がぴたりと一致する

という事実は「**素数定理**」と呼ばれています。（ガウスが発見した当時は証明されていないので「素数予想」と呼ぶべきですね）

この素数定理を数学の言葉に書き直してみたいと思います。

まず、数xでの素数階段の高さを表す関数を「$\pi(x)$」と書くことにします（ここのπは円周率とは関係ありません）。つまり、

$$\pi(1)=0、\pi(2)=1、\pi(3)=2、\pi(4)=2、\pi(5)=3、\pi(6)=3、$$
$$\pi(7)=4、\pi(8)=4、\pi(9)=4、\pi(10)=4、\pi(11)=5、$$
$$\pi(12)=5、\pi(13)=6、\pi(14)=6、\pi(15)=6、\pi(16)=6、$$
$$\pi(17)=7、\pi(18)=7、\pi(19)=8$$

となります。（p.15の素数階段を参考に、このことを確認してみてください）

ちなみに、数学では関数$\pi(x)$は「x以下の素数の個数」として扱われることがほとんどです。「数xでの素数階段の高さ」という表現と「x以下の素数の個数」という表現はまったく同じことを意味していることはおわかりいただけるかと思います。

次に、数xの自然対数を$\log x$と表します。

さて、p.20などでは、数xを、その数xの自然対数で割る計算をしましたね。つまり

$$x \div \log x = \frac{x}{\log x}$$

です。

p.20では、$x=9227$のとき、$\pi(9227)=1144$であり、$\dfrac{9227}{\log 9227}$と1010が近い値で、誤差が11.7%であることをみました。

まとめると、素数定理は次のように数学の言葉で書くことができます。

素数定理

$$\pi(x) \sim \frac{x}{\log x}$$

（xが大きくなるにつれて誤差の割合がいくらでも0に近づく）

Chapter 7

数学者リーマンの挑戦

オイラーとガウスの発見をさらに進化させる人物が現れます。ドイツの天才数学者ベルンハルト・リーマンです。

ベルンハルト・リーマン
(1826~1866)

リーマンが素数の謎を解くためのヒントにしたのは、オイラーが考案した素数だけでできたこの式でした。

$$\frac{2^2}{2^2-1} \times \frac{3^2}{3^2-1} \times \frac{5^2}{5^2-1} \times \frac{7^2}{7^2-1} \times \frac{11^2}{11^2-1} \times \frac{13^2}{13^2-1} \times \frac{17^2}{17^2-1} \times \cdots\cdots$$

リーマンは、この式の**指数**（肩の数）2を**複素数**sに変えてみたのです。（複素数についてはp.171をご覧ください）

$$\frac{2^s}{2^s-1} \times \frac{3^s}{3^s-1} \times \frac{5^s}{5^s-1} \times \frac{7^s}{7^s-1} \times \frac{11^s}{11^s-1} \times \frac{13^s}{13^s-1} \times \frac{17^s}{17^s-1} \times \cdots\cdots$$

難しい式だと思いますが、この式も素数だけでできている、ということを覚えておいていただければ十分です。

これをリーマンは「**ゼータ関数**」と名付けました。

ゼータ関数

$$\zeta(s) = \prod_p \frac{p^s}{p^s-1}$$

記号 $\prod$ の 意 味

ゼータ関数の右辺に突然現れた記号 $\prod$（パイ）は「**総乗記号**」というものです。

$\prod\limits_{p}$ は「すべての素数 p について掛け合わせた値」ということを意味します。つまり、

$$\prod_{p}\frac{p^s}{p^s-1}=\frac{2^s}{2^s-1}\times\frac{3^s}{3^s-1}\times\frac{5^s}{5^s-1}\times\frac{7^s}{7^s-1}\times\frac{11^s}{11^s-1}\times\frac{13^s}{13^s-1}\times\cdots\cdots$$

ということです。

同じような記号として「**総和記号**」の $\sum$（シグマ）という記号があります。（これ
は高等学校の教科書に登場します）

たとえば、p.9 のエディターズノートで扱った

$$1+\frac{1}{2^s}+\frac{1}{3^s}+\frac{1}{4^s}+\frac{1}{5^s}+\cdots\cdots$$

を総和記号 $\sum$ を使って表すと

$$1+\frac{1}{2^s}+\frac{1}{3^s}+\frac{1}{4^s}+\frac{1}{5^s}+\cdots\cdots=\sum_{n}\frac{1}{n^s}$$

と表すことができます。

なお、p.16 のエディターズノートと同様にして（複素数 s の実部が1より大きいとき）

$$\prod_{p}\frac{p^s}{p^s-1}=\sum_{n}\frac{1}{n^s}$$

が成り立つので、ゼータ関数 $\zeta(s)$ を

$$\zeta(s)=\sum_{n}\frac{1}{n^s}$$

と表すこともあります。

そして、リーマンはそのゼータ関数の大きさ（複素数の絶対値）を立体的な
グラフに描いてみることにしたのです。リーマンが注目したのは、グラフの高
さが0、つまりゼータ関数の値が0になる「**ゼロ点**」と呼ばれる点の複素平面
上の位置でした。

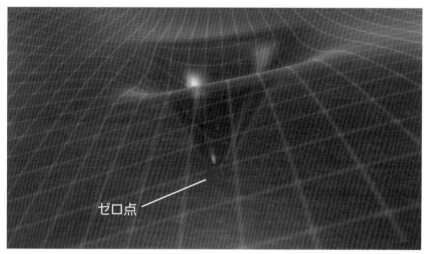

ゼロ点

リーマンはゼータ関数のゼロ点を観察した

　不規則な素数だけで作られたゼータ関数なので、当初の予想では、ゼロ点も
あたり一面バラバラに散らばっていると思われました。

不規則な素数だけで作られたゼータ関数だから
ゼロ点もバラバラに散らばっているだろう…

リーマンはゼロ点はバラバラに散らばっていると予想した

しかし、3つほどゼロ点を求めたリーマンは、ゼロ点の位置がぴたりと一直線上に並んでいることに気づいたのです。

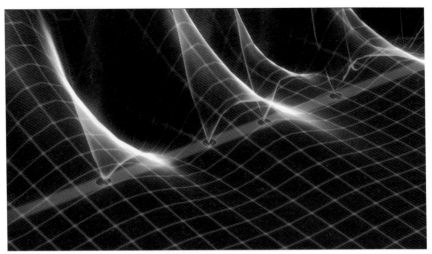

ゼロ点の位置が一直線上に並んでいた

そして、リーマンは、このことは偶然ではなく、まだ見つかっていないすべてのゼロ点も一直線上に並んでいるのではないかと予想したのです。この予想は「**リーマン予想**」と名付けられました。

未解決問題 リーマン予想
ゼータ関数の非自明なゼロ点はすべて、一直線上に並ぶはずだ。

（リーマン予想が誕生した流れを、もう少し詳しく次のページからまとめています）

すべてのゼロ点が一直線上に並んでいるはずだ
という、リーマンの直感がもし正しければ、
それは素数に理想的かつ完璧な調和が存在する
ことを意味します。
リーマン予想は素数の並びになんらかの意味が
あることの数学的な裏付けとなるのです。

ブライアン・コンリー
（アメリカ数学研究所 教授）

　このリーマン予想は、数ある数学の難問の中で、最も難しく、最も重要だと
もいわれています。この問題には100万ドルの懸賞金が懸けられています。
（p.192のミレニアム懸賞問題のページも見てください）

　これを読んで「解きたくなった」という方は、是非チャレンジしてみてくだ
さい。ただし、あまりの難しさに、人生を棒に振ってしまった数学者もいます
ので、ほどほどに。

エディターズノート

素数定理とリーマン予想

　実は、リーマン予想は、リーマンが当時証明されていなかった「素数定
理」を証明しようと試みた際に誕生した問題なのです。
　ここでは、どのようにしてリーマン予想が誕生したのかについて、超簡
単にその概略をまとめてみたいと思います。なかなか難しい数式なども
登場しますが、雰囲気を味わっていただければ十分です。

　リーマンは関数$\pi(x)$（x以下の素数の個数。p.23も見てください）を式で表
すことができれば、素数定理を証明することができると考えました。
　そこで、オイラーが導き出した次のオイラー積（p.9のエディターズノート
でも登場）に注目しました。

$$\sum_n \frac{1}{n^s} = \prod_{p:素数} \frac{p^s}{p^s - 1} \quad (s は1より大きい実数) \quad \cdots\cdots①$$

式①の右辺には「素数すべて」が登場していますので、リーマンは、$\sum_n \frac{1}{n^s}$ と $\pi(x)$ は何か関係があると考えました。

そこで、リーマンは、式①から $\sum_n \frac{1}{n^s}$ と $\pi(x)$ の関係式を導いたのです。それが次の式です。

$$\log\left(\sum_n \frac{1}{n^s}\right) = s \int_1^\infty J(x) x^{-s-1} dx \quad \cdots\cdots②$$

$J(x)$ が突然登場しましたが、実は、$\pi(x)$ にある計算を行うと $J(x)$ を作ることができます。ですので、$J(x)$ から $\pi(x)$ を作ることもできるということです。

さらにリーマンは、式②を見て、$\sum_n \frac{1}{n^s}$ から $J(x)$ を求める方法に気が付きました。

しかし、この方法を使うためには s は実数ではなく複素数に拡張する必要があったため、リーマンはゼータ関数 $\zeta(s)$ を考えることにしたのです。

そして、リーマンは式②を $J(x)$ について解きました。それが次の式です。

$$J(x) = \frac{1}{2\pi i} \int_{a-\infty i}^{a+\infty i} \frac{\log\zeta(s)}{s} x^s ds \quad (ただし、a は1より大きい実数) \quad \cdots\cdots③$$

式③から $J(x)$ を求めるために、リーマンは右辺の被積分関数 $\frac{\log\zeta(s)}{s} x^s$ について研究を進めました。

リーマンはまず、$\frac{\log\zeta(s)}{s} x^s$ の**「特異点」**について調べることにしました。特異点とは、値が無限大になったりするなど他の点とは際だって異なる点のことをいいます。

$\frac{\log\zeta(s)}{s} x^s$ の特異点として、まず分母が0になってしまう $s = 0$ があります。

次に考えられるのが、$\log \zeta(s)$ の特異点です。そのうちの1つに $\zeta(s)$ が発散してしまう $s = 1$ があります。その他には $\zeta(s) = 0$ となる点です。これが先ほど登場した「ゼロ点」と呼ばれる点です。

そこでリーマンは、ゼータ関数のゼロ点の研究をするわけです。
実はゼロ点の中にも簡単にゼロ点であることがわかる点があります。それらは負の偶数で「**自明なゼロ点**」と呼ばれています。
すると問題となってくるのが、簡単にゼロ点であることがわからない点です。これらは「**非自明なゼロ点**」と呼ばれます。リーマンはこの非自明なゼロ点はどれも複素数 $\frac{1}{2} + ti$（i は虚数単位、t は実数）という形で表せると予想しました。これらの複素数を表す点を複素数平面上に図示すると、一直線上に並びます。これこそが「リーマン予想」なのです。

残念ながら、リーマンはこの予想を証明することができませんでした。しかし、リーマンはゼロ点の分布を調べることで、式③から $\pi(x)$ の式を求められることを示しました。
そして、リーマンの死後、1896年にフランスのアダマールとベルギーのド・ラ・ヴァレ・プーサンによって、素数定理は証明されたのです。しかも、彼らはリーマン予想を証明することなく、ゼロ点が複素数 $\sigma + ti$（ただし $\sigma \neq 1$）の形であることから素数定理を証明しています。
つまり、素数定理は証明されたが、リーマン予想は未解決問題として残っているということです。

Chapter 8
数学と量子物理学の驚きの出会い

　1972年、数学者ヒュー・モンゴメリー博士と物理学者フリーマン・ダイソン博士の偶然の出会いが、まったく予想もしなかった新発見をもたらします。

　2人はアメリカのプリンストン高等研究所で出会いました。プリンストン高等研究所とは、数学だけでなく物理学や歴史学など、さまざまな分野の研究者が在籍する研究機関です。ここでは、毎日午後3時にティータイムが設けられていて、研究者たちが談話室に集まってきます。

　モンゴメリー博士は、他の数学者とはまったく違うアプローチでリーマン予想を研究していました。博士が注目していたのは、ゼロ点が一直線上に並んでいるかどうか、ではなく、「ゼロ点同士の間隔」でした。
　ばらばらな素数と関係があるゼロ点なのに、なぜか比較的均等に並んでいるようだと、博士は気づいていました。

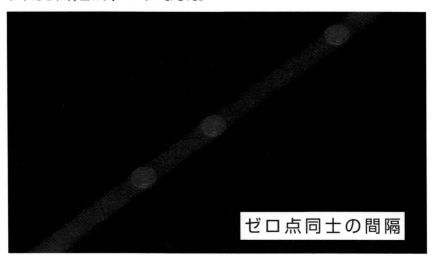

ゼロ点同士の間隔

　モンゴメリー博士は友人から物理学者のダイソン博士を紹介されました。ダイソン博士は量子物理学の分野で多くの業績を挙げていた大御所でした。

フリーマン・ダイソン
（プリンストン高等研究所 名誉教授）

モンゴメリーは
ゼータ関数のゼロ点同士の
間隔の話を始めたのです。

ダイソンに「何を研究しているって？」と
尋ねられた私は式の形を示して、
「こんな形の式になる」と答えたんです。
するとダイソンの顔つきが変わりました。

ヒュー・モンゴメリー
（ミシガン大学 名誉教授）

モンゴメリー博士が見せた式（ゼロ点の間隔を表す式）

$$\left(\frac{\sin \pi u}{\pi u}\right)^2$$

私は、「それはすごい！ その式は
ウランなどの重い原子核の
エネルギーレベルの間隔を表す式と
そっくりじゃないか！」と答えました。

重い原子核のエネルギーレベルの間隔を表す式

$$\left[\frac{\sin \pi r}{\pi r}\right]^2$$

驚くことに、モンゴメリー博士が見つけていたゼロ点の間隔を表す式と、ダイソン博士が発見していた重い原子核のエネルギーレベルの間隔を表す式がそっくりだったのです。

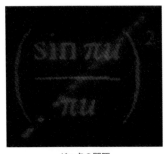
ゼロ点の間隔

原子核のエネルギーレベルの間隔

　宇宙を構成する原子の中心にある原子核のエネルギーは一定ではなく、なんらかの影響でとびとびの値に変化することが知られていました。ダイソン博士は、そのとびとびのエネルギーの値を計算していました。

　素数に関係するゼロ点の間隔と、それとはまったく関係ないはずの原子核のエネルギーレベルの間隔に不思議なつながりがあるという大発見は、世界中の数学者たちを突き動かすことになりました。
　1996年には数学者だけではなく、宇宙の法則を研究する物理学者も参加するリーマン予想に関する大会議が開催されました。

　一見、無味乾燥であるようにも見える素数の並びと、宇宙の法則。この2つに一体どんなつながりがあるのか。研究者たちは今もその謎を追い続けています。

Chapter 9

編集後記 「素数」

　テーマ1「素数」はいかがだったでしょうか。

　素数の人気には驚くばかりです。最も基本的な数であるにも関わらず、謎だらけで、実はわかっていないことの方が多いという、ミステリアスで孤高のイメージが多くの人を惹きつけるのでしょうね。

　さて、Chapter4からは「素数が出現するタイミング」について、オイラー、ガウス、リーマンの挑戦を紹介しました。

　Chapter4では「素数はどんなタイミングで出現するのか？」という謎をご紹介しましたが、数学者が解明したい本当の謎は 　○番目の素数を求める方法 や ある素数の次の素数を求める方法 なんです。p.12で自然数を並べ、読者の皆さんにその問題の一端に触れてもらいました。

　しかし、本当に解明したいこれらの謎は大変難しい問題だったので、数学者は「ある数 x 以下の素数の個数」、つまり「関数 $\pi(x)$ を求める」ことを考え始めたのです。その個数こそが p.15 で登場した「素数階段」の段数というわけです。

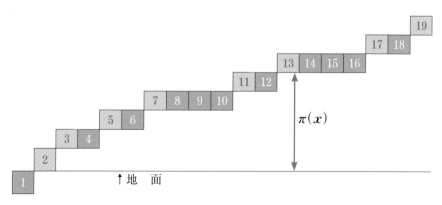

　そして、関数 $\pi(x)$ については、ガウスが素数定理を予言し、リーマンがゼー

タ関数を用いてかなり近いところまで素数定理を証明し、そのバトンを受け継いでアダマールとド・ラ・ヴァレ・プーサンによって素数定理が証明されたのです。

　しかし、最大の難問「リーマン予想」が証明されていません。一体だれが証明するのか？　それがいつになるのか？　証明された先には一体どんな数学が待っているのか？　数学者たちの挑戦はまだまだ続きます。

番組制作班おすすめ「素数」の参考資料
●小山信也　著『素数からゼータへ、そしてカオスへ』日本評論社
●マーカス・デュ・ソートイ　著、冨永星　訳『素数の音楽』新潮社
●小山信也　著『素数とゼータ関数』共立出版
●中村亨　著『リーマン予想とはなにか』講談社
●中村滋　著『素数物語』岩波書店
●小山信也　著『素数って偏ってるの？　〜ABC予想、コラッツ予想、深リーマン予想〜』技術評論社

監修：NHK「笑わない数学」制作班
　　　小山信也（東洋大学理工学部教授）
ライター：龍孫江

無限

infinity

古代における無限

　数学の世界では、簡単に「**無限**」を作ることができます。ある数を好きなだけ2倍していけば、その数は無限に大きくすることができます。逆に好きなだけ2で割っていけば、無限に小さくすることもできます。

　……本当でしょうか？　いま、さらっと「できます」と書きましたが、数学者達がこのことを真に納得できるまでには、長い年月がかかりました。

　人類が無限について考え始めたのは、非常に古い時代のこととされています。紀元前400年頃には、すでに無限について議論していたことがわかっています。

　古代ギリシャの時代、数学者や哲学者の間では、次のような問題が議論されていました。

> **数学的対象は、無限に細かく分割できるだろうか？**

　数学的対象とは、直線とか、面とか、立体とかです。線分を半分にすることも、それをまた半分にすることも可能ですが、それを無限に繰り返して、線分

を無限に細かくすることは可能でしょうか?

この問題について、「できる」派の一人だったのが、古代ギリシャの哲学者デモクリトスです。彼は立体を無限に細かく分割（スライス）することについて、次のように述べたと伝えられています。

円錐を無限に細かい円板にスライスすれば、
円錐の体積が円柱の3分の1
であることが証明できる!

デモクリトス
（B.C.460頃～B.C.370頃）

残念ながら、デモクリトスが具体的にどうやってこれを証明したのかは、わかっていません。というのも、彼の書いた書物は長い歴史の中ですべて失われているからです。

しかし、のちの人達が書いた記録により、この主張が次のような議論を呼んだことは確かなようです。

仮に、円錐を無限に細かい（薄い）円板にスライスできたとしましょう。そのとき、円錐の一番下の円板（底面に一番近い円板）の直径は、いくつになるのでしょう?

もしこれが底面の直径よりも小さいとすると、円錐の表面は、私達が素朴に考えるような「なめらかな」ものではなく、階段状になっていることになります。

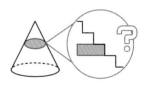

反対に、この円板が底面の直径に等しいとした場合でも、「下から2番目の円板」に問題が移っただけになります。これが小さくなるなら、やはり円錐は階段状になってしまいます。しかし、これが小さくないなら……と考えると、円錐はもはや、円柱になってしまいます。

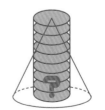

円錐を無限に薄い円板に分割すると、このような不都合が起こってしまうの

です。

　いかがでしょうか。無限について考えると、このように簡単におかしなことが起こってしまうのです。

　え？　無限に細かく「できる」としたらおかしくなったのだから、無限に細かく「できない」のではないかって？

　それは一理ありますね。しかし Chapter 2 のサイドノート（p.46）で述べるように、「できない」としてもおかしなことが起こってしまうのです。

　さあ困りました。無限に細かく分割することが「できる」としても「できない」としても、おかしな話になってしまうのです。

　困り果てた古代の数学者たちは、ついに無限を捨ててしまいます。「無限に2倍する」「無限に半分にする」といった操作を慎重に避けるようになるのです。そして、どうしても無限が必要になったときは、「この証明に十分なだけの大きさ（細かさ）にする」といった手段をとるようになりました。

　しかしデモクリトスの無限に細かくするという考え方は、のちに哲学者アルキメデスによって洗練され、「定積分」が確立されます。結局、デモクリトスの考え方は正しかったのです！

　さらに2000年後の17世紀、ニュートンやライプニッツによって「微分」の考え方が生まれ、ここに「微分積分学」が完成します。これにより、数学的対象を無限に細かく分割することや、細かいものを無限に積み上げることができるようになりました。

　さて、ここまで図形に関する無限についてお話ししました。

　本テーマでこれからお話しするのは、図形ではなく、数の無限の話。1、2、3、……と無限に続く自然数や、有理数、実数の話です。

Chapter 1

無限を比べる

「**無限**」とはなんでしょう。皆さんはこの言葉を聞いて、何を連想するでしょうか。

とても大きいこと？ とてもたくさんあること？ あるいは、文字通り「限りが無い」こと？

でも、とてもたくさんって、どのくらい？ 限りが無いって、どういうこと？

考え出すとわからなくなる無限ですが、数学の世界では無限が気軽に登場します。私達にとって身近な、1、2、3、……と並ぶ「**自然数**」すら、限りなく続く不思議な存在です。

では、ここでひとつ、クイズを出しましょう。

自然数1、2、3、……は無限にありますが、これをなんらかの方法で数えたとして、その個数を「∞_自」と表すことにしましょう。

同様に、偶数2、4、6、……も無限にあります。そしてこの個数を「∞_ぐ」と表すことにしましょう。

さて問題です。

> **∞_自と∞_ぐは、どちらが大きいでしょうか？ それとも、どちらも同じ大きさでしょうか？**

直感的には、∞_自の方が大きそうです。だって自然数には、偶数以外の数も含まれていますから。例えば3は、自然数ではあっても偶数ではありません。この時点で自然数は偶数より多いのですから、∞_自の方が∞_ぐより大きいように思えます。

しかし、それはそれでおかしな話です。偶数は限りなくあるのに、それよりも「多い」ものがあるなんて、あり得るのでしょうか？ 偶数より多いものがあるのなら、偶数には「限りがある」＝「無限じゃない」ってことになって

しまいませんか?

　この問題に答えるためには、「無限を比較する方法」を身に付けねばなりません。まずはその基本を学ぶために、リンゴとミカンの個数を比較してみましょう。

　いまここに、何個かのリンゴとミカンがあるとしましょう。これらのどちらが多いかを知りたいとします。

　そのためには、下の図のように、リンゴとミカンをひとつずつ結べばよいですね？　こうしていって、すべてが「1対1に対応」すれば、両者は同じ個数あります。逆に、どちらかが余ったら、余った方が多いのです。

1対1で結べれば同じ個数

余った方が多い

　ところでいま、「数えればいいじゃん」と思った人、いるのではないでしょうか。

　もちろんその通り。リンゴとミカンをそれぞれ数えれば、個数を比べることができます。

　しかし「数える」とは、どういう行為でしょうか？　私達は物を数えるとき、何をしているのでしょうか?

　それはずばり、「物と自然数を結びつける行為」です。私達は物を数えるとき、本質的には、上の図と同じことをしているのです。そして、リンゴが自然数の1、2、3だけと結びついたら、リンゴが3個あると解釈しているのです。

　この方法を使って、$\infty_自$と$\infty_ぐ$を比べてみましょう。

　やり方は簡単です。偶数を先頭から順に数える、つまり自然数と結びつけていけばいいのです。

　2は最初の偶数なので、1と結びつきます。4はその次の偶数なので、2と結びつきます。6は3と、8は4と、10は5と……。

この調子で、どんどん結びつけていきましょう。

さて、最終的にどうなるでしょうか？

そうです。どんな偶数でも、2で割れば、それと結びつく自然数が得られます。つまり、すべての偶数が自然数と結びつくのです。逆に、どんな自然数も、2倍すれば、それと結びつく偶数が得られます。つまり、すべての自然数と偶数が1対1に結びつき、1個たりとも余りません。

よって、自然数と偶数は1対1に対応する、すなわち $\infty_{自} = \infty_{ぐ}$ が成り立つのです！

自然数

1	2	3	4	5	6…
2	4	6	8	10	12…

偶数

……本当に？？　だって偶数は、自然数の中の半分しかないはずです。なのに、それが自然数と同じだけあるなんて!?

驚くのはまだ早い。この議論、偶数だけでなく、奇数でも同様に成り立つことにお気づきでしょうか？　すべての自然数は2倍して1を引けば奇数と結びつくし、すべての奇数は1を足して2で割れば自然数と結びつきます。奇数の個数を「$\infty_{き}$」と表すなら、$\infty_{自} = \infty_{き}$ が成り立つのです！

それだけではありません。自然数は偶数と奇数を合わせた集合です。つまり、

$$\infty_{ぐ} + \infty_{き} = \infty_{自}$$

となっているはずです。ですが今、私達は次の式も得たのです。

$$\infty_{ぐ} = \infty_{自}$$
$$\infty_{き} = \infty_{自}$$

これら3つの式を合体させると、次の式が得られます。

$$\infty_{自} + \infty_{自} = \infty_{自}$$

なんてことでしょう！　自分自身との和が、自分自身になってしまうだなんて！　こんなことが起こるのは、0＋0＝0しかありえないはずです。そんなありえないことが起こるのが、無限の世界なのです！

ですが、私達はこれを受け入れるほかありません。なぜなら、「ひとつずつ結んでいって、余りがなければ同じ個数」という、ごく自然な考え方を採用すると、どう頑張っても到達してしまう、絶対的な結論だからです。

ヒルベルトの無限ホテル　

$\infty_自 = \infty_ぐ$ であることがわかりました。ドイツの数学者ダフィット・ヒルベルトは1924年、このことを面白いたとえ話で説明しました。

部屋が $\infty_自$ 室ある「無限ホテル」があるとします。いま、そのホテルには $\infty_自$ 人のお客さんが泊まり、満室になっているとしましょう。

そこへ、$\infty_自$ 人の新しいお客さんがやってきてしまいました。普通のホテルなら満室を理由に断るところですが、な

ダフィット・ヒルベルト
（1862-1943）

んと無限ホテルでは、この新しいお客さん達を全員泊めることができます。

こうすればよいのです。1号室のお客さんを2号室に移し、2号室のお客さんを4号室に移し、n号室のお客さんを$2n$号室に移します。するとお客さんが全員、偶数号室に移動します。

偶数と自然数は同じ個数だけありますから、自然数号室のお客さんを全員、偶数号室に移すことは可能です。

そして全員が偶数号室に移ったので、奇数号室がすべて空き部屋になります。奇数もまた自然数と同じ個数だけあるので、新しく来た $\infty_自$ 人のお客さんは全員、そちらへお泊めすることができるのです。

余ったり余らなかったり　|サイドノート|

偶数と自然数の数を比べる方法について、疑問に思った人がいるかもしれません。本文中では、偶数2に自然数1を、4に2を、6に3を……といった風に前から順番に対応させ、すべてが1対1に対応することを示しました。

しかし、前から順番に対応させる必然性は、どこにもありません。例えば次のように対応させたってよいはずです。

このように対応させると、最終的に先頭の2が余ります。つまり偶数の方が自然数より多いことになってしまいます。対応のさせ方によって、余ったり余らなかったりするのでしょうか？

実はその通りでして、無限の集合の対応では、対応のさせ方で余るかどうかが変わります。

では、どうやって「同じ個数」だと判断すればよいのでしょう？

数学では、無限の集合において「1対1に対応させる方法がひとつでも見つかれば同じ個数」と定めています。偶数と自然数の間には、1対1に対応させる方法がひとつ見つかるので、同じ個数だといえるわけですね。

……逆にいうと、「同じ個数でない」というためには、「何をどうやってもどちらかが余る」ことを示さないといけません。それをどうやるかというと……それは本文で解説しましょう！

Chapter 2

無限について考えた人たち

　無限の不思議さに人類が気づいたのは、はるか昔、古代ギリシャの時代にまでさかのぼります。

　古代ギリシャの哲学者エレアのゼノンは、こんなことを言い出しました。

ゼノン
（B.C.490頃-B.C.430頃）

> 時間を無限に細かく分割していくと、
> どんなに足の速い者も
> 足の遅い者に追いつけなくなる

　これはのちに、「**アキレスと亀**」と呼ばれることになるパラドックスです。なぜこんなことになるのかというと、次の通りです。

　アキレスとは、ギリシャ神話に登場する、非常に足の速い人物です。一方亀は、私達もイソップ童話でよく知るように、とても足の遅い動物です。

　この両者が地点AからBまで徒競走をすることになりました。しかしアキレスの方が速いのは明らかなので、ハンデとして亀はアキレスより少し先（右ページの図のC_1）からスタートすることにしました。

　さあ、この2人が同時にスタートすると、俊足のアキレスは、あっという間に亀のスタート地点（C_1）に到達します。そのとき亀は、スタート地点よりほんの少しだけ先（C_2）にいます。

　それからわずかな時間のあと、アキレスはC_2に到達します。そのとき亀は、そこからさらに少しだけ先（C_3）にいます。

　アキレスがその亀の地点にたどり着く頃には、亀はさらにちょっとだけ先にいます。アキレスがそこにたどり着く頃には、亀はさらにわずかに先にいます。アキレスがそこにたどり着く頃には亀は……もうおわかりですね？

そう、アキレスがどれほど足が速くても、「いま亀がいる場所」にたどり着く頃には、亀はそこよりほんの少し先にいます。したがって、アキレスは永遠に亀に追いつけないのです！

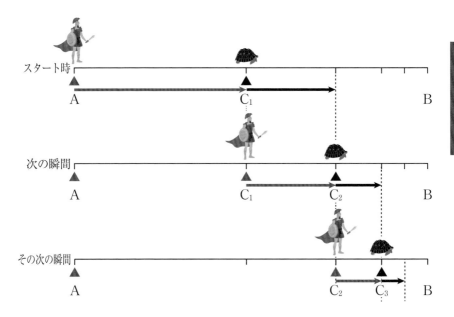

さてこのことから、時間は無限に細かく分割できないといえてしまいます。なぜなら、時間を無限に細かく分割できるとすると、このアキレスと亀のプロセスが無限に繰り返され、アキレスが亀に追いつけないからです。しかし、現実には追いつけますね？　したがって、「時間を無限に細かく分割することはできない」といえるのです。

ところがゼノンは、ほかの思考実験（次ページのサイドノート「スタジアム」）により、時間は無限に細かく分割できることも示してしまいました。

時間は無限に細かく分割できるとしても、できないとしても、矛盾する。ゼノンはそれを示してしまったのです。

ゼノンの4つのパラドックス

ゼノンは時間と空間に関する4つのパラドックスを提示しました。ここでは残り3つのパラドックスを紹介しましょう。

1. 二分法

A地点からB地点へ進むためには、まずA、B間の半分の地点まで進む必要があります。その地点からB地点へ進むためには、さらにその半分の地点まで進む必要があります。その地点からB地点へ進むためには、さらにその半分の地点まで進む必要があります。空間が無限に分割できるなら、この過程は無限に繰り返されてしまい、決してB地点へたどり着くことはできません。したがって、空間にはそれ以上分割できない最小単位が存在します。

2. 飛んでいる矢は止まっている

飛んでいる矢を観察しましょう。時間を無限に細かく分割すると、そのうちのどの一瞬でも、その矢は止まっているはずです。なぜなら、もし動いているのなら、動くのにかかった時間を分割できるからです。したがって、どの一瞬でも矢は止まっており、止まった瞬間をつなぎ合わせても、矢が動くことはありません。ゆえに、飛んでいる矢が止まってしまうので、時間にはそれ以上分割できない最小単位があります。

3. スタジアム

時間にも空間にも、それぞれ最小単位があり、それ以上分割できないとしましょう。
そこで、次のような2つの物体（B、C）が、スタジアム（A）のレーン上にあるとします。

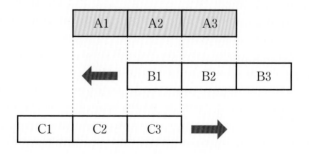

A1〜C3はすべて「空間の最小単位」と同じ大きさとしましょう。そして B は、A の右端からちょうど A3 の大きさだけ右にずれており、C は A の左端からちょうど A1 の大きさだけ左にずれています。

さて、B が左に、C が右に、同時に移動を始めます。A1 も A3 も空間の最小単位ですから、次の瞬間（時間の最小単位経過後）にはこのようになっていなくてはいけません。

A1	A2	A3

B1	B2	B3

C1	C2	C3

この状況を B から見ると、B1 は元の状態から、C2 と C1 を通り過ぎたことになります。しかし、もしそうだとすると、「C2 を通り過ぎた瞬間」が存在するはずです。ならば、「動き始めてから C2 を通り過ぎた瞬間」までを、さらに短い時間単位としてとれてしまいます。もし、この「さらに短い時間単位」を時間の最小単位とすると、また同じ考察によって、もっと短い時間単位をとることができます。よって、時間も空間も、無限に細かく分割できることになります。

テーマ2 無限

ゼノンが提起した問題は、アルキメデス、ニュートン、ライプニッツといった人々が確立した「微分積分学」により、解決に導かれました。

　これで無限については万事解決、めでたしめでたし——とはなりません。ゼノンらが考えていたのは、無限に細かくしたり、それを積み上げたりすることについて。いわば図形的な無限です。

　一方、私たちが注目したいのは、それとは別の無限。1、2、3、……と無限に続く、数の無限についてです。

　この無限を研究した草分け的な数学者がいます。その人こそ、“究極の自由人”ゲオルク・カントールです。

ゲオルク・カントール
（1845-1918）

　ゲオルク・カントールは1845年、ロシアのサンクトペテルブルクで生まれました。父親が実業家として成功したこともあり、カントールの暮らしぶりはとても豊かでした。一流の音楽と数々の芸術作品に囲まれて、自由な感性を育んでいました。

　しかし、カントールが本当の自由を見いだしたのは、数学の世界でした。

　カントールが自らの自由な数学を作り上げることになるのは、ベルリンから100キロ離れた、ハレ大学でした。ハレ大学では、カントールの自由な数学を受け継ぐ、「カントール協会」が1998年から活動しています。

カリン・リヒター
（ハレ大学 教授、
カントール協会会長）

　カントールは当時の保守的な
数学界にありながら、自由に振る舞い、
自分の道を突き進みました。
ゼロから新しい数学を
築きあげる人だったのです。

　自由に、自分の道を突き進んだカントール。やがて彼がたどり着いたのが、数学界でタブー視されていた無限の世界だったのです。

Chapter 3

有理数の個数

　さて、カントールが無限について最初に取り組んだのは、Chapter 1でお見せしたような、無限どうしの比較でした。自然数も、偶数も奇数も、全部同じ個数でしたよね。

　カントールは次に、これまた無限に存在する、有理数の個数について考え始めました。

数 の 分 類　　　　　　　　| サイドノート |

ここで、これ以降に登場する有理数や実数などのさまざまな数について確認しておきましょう。

「**有理数**」とは、「**分数**」$\left(\dfrac{整数}{0以外の整数}\right)$で表せる数のことです。そしてこれを「**小数**」で表すと、0.25 とか、9.8 とか、10.09090909… といった数、つまり、同じ数の並びが無限に繰り返される小数になります。$\dfrac{1}{4} = 0.25$だし、$\dfrac{49}{5} = 9.8$だし、$\dfrac{111}{11} = 10.090909…$です。0.25 などは「5の右側に0が無限に繰り返されている」と解釈します。

「**無理数**」とは、分数では表せない数のことです。円周率$\pi = 3.141592…$とか、$\sqrt{2} = 1.41421356…$のように、同じ数の並びが繰り返されずに無限に続く小数になります。有理数とは正反対の数ってことですね。

そして、有理数と無理数をひっくるめて「**実数**」と呼びます。実数は数直線上に表されたすべての数のことです。

有理数のうち、小数点以下がすべて0のものを「**整数**」と呼びます。さらに整数のうち、正の数を「**自然数**」と呼びます（0を自然数に含める場合もあります）。そして、自然数のうち2の倍数を「**偶数**」、それ以外のものを「**奇数**」と呼びましたね。

以上の説明をまとめると、次の図のようになります。

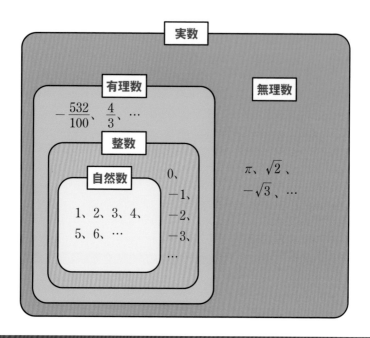

　自然数は数直線の上にまばらに存在していますが、有理数はぎっしりと詰まっています。どのくらい「ぎっしり」かというと、どんなに小さな区間をもってきても、その中に無限個の有理数が入っているくらい、ぎっしりと入っています。

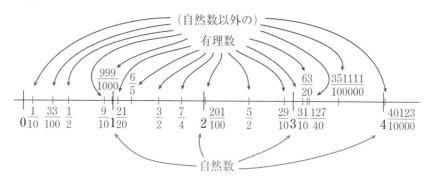

この性質のため、有理数は「隣の有理数」を決めることができません。ある有理数aに対し、そのすぐ近くの有理数bをもってきても、aとbの間に必ず別の有理数$\left(\text{例えば}\dfrac{a+b}{2}\right)$が存在するからです。これは、自然数と有理数の大きな違いのひとつです。

これだけ性質の違う両者ですから、その個数は、有理数の方が圧倒的に多そうですよね。有理数の個数を「$\infty_{有}$」と書くことにすると、次の式が成立しそうです。

$$\infty_{自} = \infty_{ぐ} = \infty_{き} < \infty_{有}$$

さて、この式は正しいでしょうか？　早速、有理数の個数を数えてみましょう。

と言いたいのですが、有理数は一筋縄では数えられません。というのも、「先頭の有理数」を決めるのが難しいからです。

偶数のときは、先頭の偶数は2としました。これは、0の隣の偶数が2だからです。では「0の隣の有理数」とは、いったい何でしょう。$\dfrac{1}{100}$でしょうか？ですが、それよりも$\dfrac{1}{1000}$の方がより0に近いです。そして$\dfrac{1}{1000}$よりも$\dfrac{1}{10000}$の方が0に近いですし、それよりも$\dfrac{1}{100000}$の方がさらに0に近いです。

つまり、どれだけ0に近い有理数をもってきても、それよりもさらに0に近い有理数が存在するのです。そうなると、「先頭の有理数」を決めるのはなかなか難しそうです。

そこでカントールは、非常に巧みな方法で、有理数を整列させました。それは次の方法です。

まず、最初の行に、分母が1の有理数（つまり自然数）をすべて並べます。そして次の行に、分母が2の有理数をすべて並べます。さらに次の行に、分母が3の有理数をすべて並べます。これを繰り返し、すべての有理数を、縦横に表のように並べました。

1	2	3	4	5	6	7	8	9	10	11	12	13	14	15	16	17	18	19	20	
1	1	1	1	1	1	1	1	1	1	1	1	1	1	1	1	1	1	1	1	…
$\frac{1}{2}$	$\frac{2}{2}$	$\frac{3}{2}$	$\frac{4}{2}$	$\frac{5}{2}$	$\frac{6}{2}$	$\frac{7}{2}$	$\frac{8}{2}$	$\frac{9}{2}$	$\frac{10}{2}$	$\frac{11}{2}$	$\frac{12}{2}$	$\frac{13}{2}$	$\frac{14}{2}$	$\frac{15}{2}$	$\frac{16}{2}$	$\frac{17}{2}$	$\frac{18}{2}$	$\frac{19}{2}$	$\frac{20}{2}$	…

有理数

$$\frac{1}{1}\ \frac{2}{1}\ \frac{3}{1}\ \frac{4}{1}\ \frac{5}{1}\ \frac{6}{1}\ \frac{7}{1}\ \frac{8}{1}\ \frac{9}{1}\ \frac{10}{1}\ \frac{11}{1}\ \frac{12}{1}\ \frac{13}{1}\ \frac{14}{1}\ \frac{15}{1}\ \frac{16}{1}\ \frac{17}{1}\ \frac{18}{1}\ \frac{19}{1}\ \frac{20}{1}\ \cdots$$

$$\frac{1}{2}\ \frac{2}{2}\ \frac{3}{2}\ \frac{4}{2}\ \frac{5}{2}\ \frac{6}{2}\ \frac{7}{2}\ \frac{8}{2}\ \frac{9}{2}\ \frac{10}{2}\ \frac{11}{2}\ \frac{12}{2}\ \frac{13}{2}\ \frac{14}{2}\ \frac{15}{2}\ \frac{16}{2}\ \frac{17}{2}\ \frac{18}{2}\ \frac{19}{2}\ \frac{20}{2}\ \cdots$$

$$\frac{1}{3}\ \frac{2}{3}\ \frac{3}{3}\ \frac{4}{3}\ \frac{5}{3}\ \frac{6}{3}\ \frac{7}{3}\ \frac{8}{3}\ \frac{9}{3}\ \frac{10}{3}\ \frac{11}{3}\ \frac{12}{3}\ \frac{13}{3}\ \frac{14}{3}\ \frac{15}{3}\ \frac{16}{3}\ \frac{17}{3}\ \frac{18}{3}\ \frac{19}{3}\ \frac{20}{3}\ \cdots$$

$$\frac{1}{4}\ \frac{2}{4}\ \frac{3}{4}\ \frac{4}{4}\ \frac{5}{4}\ \frac{6}{4}\ \frac{7}{4}\ \frac{8}{4}\ \frac{9}{4}\ \frac{10}{4}\ \frac{11}{4}\ \frac{12}{4}\ \frac{13}{4}\ \frac{14}{4}\ \frac{15}{4}\ \frac{16}{4}\ \frac{17}{4}\ \frac{18}{4}\ \frac{19}{4}\ \frac{20}{4}\ \cdots$$

$$\frac{1}{5}\ \frac{2}{5}\ \frac{3}{5}\ \frac{4}{5}\ \frac{5}{5}\ \frac{6}{5}\ \frac{7}{5}\ \frac{8}{5}\ \frac{9}{5}\ \frac{10}{5}\ \frac{11}{5}\ \frac{12}{5}\ \frac{13}{5}\ \frac{14}{5}\ \frac{15}{5}\ \frac{16}{5}\ \frac{17}{5}\ \frac{18}{5}\ \frac{19}{5}\ \frac{20}{5}\ \cdots$$

$$\frac{1}{6}\ \frac{2}{6}\ \frac{3}{6}\ \frac{4}{6}\ \frac{5}{6}\ \frac{6}{6}\ \frac{7}{6}\ \frac{8}{6}\ \frac{9}{6}\ \frac{10}{6}\ \frac{11}{6}\ \frac{12}{6}\ \frac{13}{6}\ \frac{14}{6}\ \frac{15}{6}\ \frac{16}{6}\ \frac{17}{6}\ \frac{18}{6}\ \frac{19}{6}\ \frac{20}{6}\ \cdots$$

$$\vdots\ \vdots\ \vdots\ \vdots\ \vdots\ \vdots\ \vdots\ \vdots\ \vdots\ \vdots\ \vdots\ \vdots\ \vdots\ \vdots\ \vdots\ \vdots\ \vdots\ \vdots\ \vdots\ \vdots$$

すべての有理数を並べた表（単純化のため正の有理数のみを扱う）

この表にはすべての有理数が現れます。例えば $\dfrac{389}{725}$ なら、それは725行目の389列目にあります。$\dfrac{a}{b}$ という有理数は、b 行目の a 列目にあるのです。

ただし、この中には $\dfrac{1}{1}$ と $\dfrac{6}{6}$ のように、同じ値になる数が重複して現れているので、それらは消しておきましょう。すると、次のような表になります。

有理数

$$\frac{1}{1}\ \frac{2}{1}\ \frac{3}{1}\ \frac{4}{1}\ \frac{5}{1}\ \frac{6}{1}\ \frac{7}{1}\ \frac{8}{1}\ \frac{9}{1}\ \frac{10}{1}\ \frac{11}{1}\ \frac{12}{1}\ \frac{13}{1}\ \frac{14}{1}\ \frac{15}{1}\ \frac{16}{1}\ \frac{17}{1}\ \frac{18}{1}\ \frac{19}{1}\ \frac{20}{1}\ \cdots$$

$$\frac{1}{2}\qquad\frac{3}{2}\qquad\frac{5}{2}\qquad\frac{7}{2}\qquad\frac{9}{2}\qquad\frac{11}{2}\qquad\frac{13}{2}\qquad\frac{15}{2}\qquad\frac{17}{2}\qquad\frac{19}{2}\qquad\cdots$$

$$\frac{1}{3}\ \frac{2}{3}\qquad\frac{4}{3}\ \frac{5}{3}\qquad\frac{7}{3}\ \frac{8}{3}\qquad\frac{10}{3}\ \frac{11}{3}\qquad\frac{13}{3}\ \frac{14}{3}\qquad\frac{16}{3}\ \frac{17}{3}\qquad\frac{19}{3}\ \frac{20}{3}\ \cdots$$

$$\frac{1}{4}\ \frac{3}{4}\qquad\frac{5}{4}\ \frac{7}{4}\qquad\frac{9}{4}\ \frac{11}{4}\qquad\frac{13}{4}\ \frac{15}{4}\qquad\frac{17}{4}\ \frac{19}{4}\ \cdots$$

$$\frac{1}{5}\ \frac{2}{5}\ \frac{3}{5}\ \frac{4}{5}\qquad\frac{6}{5}\ \frac{7}{5}\ \frac{8}{5}\ \frac{9}{5}\qquad\frac{11}{5}\ \frac{12}{5}\ \frac{13}{5}\ \frac{14}{5}\qquad\frac{16}{5}\ \frac{17}{5}\ \frac{18}{5}\ \frac{19}{5}\ \cdots$$

$$\frac{1}{6}\ \frac{5}{6}\qquad\frac{7}{6}\ \frac{11}{6}\qquad\frac{13}{6}\ \frac{17}{6}\qquad\cdots$$

$$\vdots\ \vdots\ \vdots\ \vdots\ \vdots\ \vdots\ \vdots\ \vdots\ \vdots\ \vdots\ \vdots\ \vdots\ \vdots\ \vdots\ \vdots\ \vdots\ \vdots\ \vdots\ \vdots\ \vdots$$

すべての有理数（重複を除く）を並べた表

さて、カントールはどのようにして、この表の有理数と自然数を1対1に結びつけたのでしょうか。表の1行目から順に自然数と結びつけていったのでは、いつまで経っても1行目から抜け出せません。1行目の有理数は自然数なので、自然数どうしが1対1に結びつくだけになってしまいます。

自然数   1 2 3 4 5 6 7 8 9 10 11 12 13 14 15 16 17 18 19 20 …

$$\frac{1}{1}\ \frac{2}{1}\ \frac{3}{1}\ \frac{4}{1}\ \frac{5}{1}\ \frac{6}{1}\ \frac{7}{1}\ \frac{8}{1}\ \frac{9}{1}\ \frac{10}{1}\ \frac{11}{1}\ \frac{12}{1}\ \frac{13}{1}\ \frac{14}{1}\ \frac{15}{1}\ \frac{16}{1}\ \frac{17}{1}\ \frac{18}{1}\ \frac{19}{1}\ \frac{20}{1}\ \cdots$$

$$\frac{1}{2}\ \frac{2}{2}\ \frac{3}{2}\ \frac{4}{2}\ \frac{5}{2}\ \frac{6}{2}\ \frac{7}{2}\ \frac{8}{2}\ \frac{9}{2}\ \frac{10}{2}\ \frac{11}{2}\ \frac{12}{2}\ \frac{13}{2}\ \frac{14}{2}\ \frac{15}{2}\ \frac{16}{2}\ \frac{17}{2}\ \frac{18}{2}\ \frac{19}{2}\ \frac{20}{2}\ \cdots$$

有理数

$$\frac{1}{3}\ \frac{2}{3}\ \frac{3}{3}\ \frac{4}{3}\ \frac{5}{3}\ \frac{6}{3}\ \frac{7}{3}\ \frac{8}{3}\ \frac{9}{3}\ \frac{10}{3}\ \frac{11}{3}\ \frac{12}{3}\ \frac{13}{3}\ \frac{14}{3}\ \frac{15}{3}\ \frac{16}{3}\ \frac{17}{3}\ \frac{18}{3}\ \frac{19}{3}\ \frac{20}{3}\ \cdots$$

$$\frac{1}{4}\ \frac{2}{4}\ \frac{3}{4}\ \frac{4}{4}\ \frac{5}{4}\ \frac{6}{4}\ \frac{7}{4}\ \frac{8}{4}\ \frac{9}{4}\ \frac{10}{4}\ \frac{11}{4}\ \frac{12}{4}\ \frac{13}{4}\ \frac{14}{4}\ \frac{15}{4}\ \frac{16}{4}\ \frac{17}{4}\ \frac{18}{4}\ \frac{19}{4}\ \frac{20}{4}\ \cdots$$

$$\frac{1}{5}\ \frac{2}{5}\ \frac{3}{5}\ \frac{4}{5}\ \frac{5}{5}\ \frac{6}{5}\ \frac{7}{5}\ \frac{8}{5}\ \frac{9}{5}\ \frac{10}{5}\ \frac{11}{5}\ \frac{12}{5}\ \frac{13}{5}\ \frac{14}{5}\ \frac{15}{5}\ \frac{16}{5}\ \frac{17}{5}\ \frac{18}{5}\ \frac{19}{5}\ \frac{20}{5}\ \cdots$$

$$\frac{1}{6}\ \frac{2}{6}\ \frac{3}{6}\ \frac{4}{6}\ \frac{5}{6}\ \frac{6}{6}\ \frac{7}{6}\ \frac{8}{6}\ \frac{9}{6}\ \frac{10}{6}\ \frac{11}{6}\ \frac{12}{6}\ \frac{13}{6}\ \frac{14}{6}\ \frac{15}{6}\ \frac{16}{6}\ \frac{17}{6}\ \frac{18}{6}\ \frac{19}{6}\ \frac{20}{6}\ \cdots$$

⋮

自然数と1行目は1対1に結びつく

そこでカントールは、これをジグザグに結ぶことを考えました。

1 と $\dfrac{1}{1}$ を結んだあとは、右に移動し、2 と $\dfrac{2}{1}$ を結びます。その次は、斜め下に移動して、3 と $\dfrac{1}{2}$ を結びつけます。そして下へ移動して 4 と $\dfrac{1}{3}$ を結びつけ、その次は斜め上に移動し、5 と $\dfrac{3}{1}$ を結びつけたのです。

自然数   1 2 3 4 5 6 7 8 9 10 11 12 13 14 15 16 17 18 19 20 …

$$\frac{1}{1}\ \frac{2}{1}\ \frac{3}{1}\ \frac{4}{1}\ \frac{5}{1}\ \frac{6}{1}\ \frac{7}{1}\ \frac{8}{1}\ \frac{9}{1}\ \frac{10}{1}\ \frac{11}{1}\ \frac{12}{1}\ \frac{13}{1}\ \frac{14}{1}\ \frac{15}{1}\ \frac{16}{1}\ \frac{17}{1}\ \frac{18}{1}\ \frac{19}{1}\ \frac{20}{1}\ \cdots$$

$$\frac{1}{2}\ \frac{2}{2}\ \frac{3}{2}\ \frac{4}{2}\ \frac{5}{2}\ \frac{6}{2}\ \frac{7}{2}\ \frac{8}{2}\ \frac{9}{2}\ \frac{10}{2}\ \frac{11}{2}\ \frac{12}{2}\ \frac{13}{2}\ \frac{14}{2}\ \frac{15}{2}\ \frac{16}{2}\ \frac{17}{2}\ \frac{18}{2}\ \frac{19}{2}\ \frac{20}{2}\ \cdots$$

$$\frac{1}{3}\ \frac{2}{3}\ \frac{3}{3}\ \frac{4}{3}\ \frac{5}{3}\ \frac{6}{3}\ \frac{7}{3}\ \frac{8}{3}\ \frac{9}{3}\ \frac{10}{3}\ \frac{11}{3}\ \frac{12}{3}\ \frac{13}{3}\ \frac{14}{3}\ \frac{15}{3}\ \frac{16}{3}\ \frac{17}{3}\ \frac{18}{3}\ \frac{19}{3}\ \frac{20}{3}\ \cdots$$

有理数

$$\frac{1}{4}\ \frac{2}{4}\ \frac{3}{4}\ \frac{4}{4}\ \frac{5}{4}\ \frac{6}{4}\ \frac{7}{4}\ \frac{8}{4}\ \frac{9}{4}\ \frac{10}{4}\ \frac{11}{4}\ \frac{12}{4}\ \frac{13}{4}\ \frac{14}{4}\ \frac{15}{4}\ \frac{16}{4}\ \frac{17}{4}\ \frac{18}{4}\ \frac{19}{4}\ \frac{20}{4}\ \cdots$$

$$\frac{1}{5}\ \frac{2}{5}\ \frac{3}{5}\ \frac{4}{5}\ \frac{5}{5}\ \frac{6}{5}\ \frac{7}{5}\ \frac{8}{5}\ \frac{9}{5}\ \frac{10}{5}\ \frac{11}{5}\ \frac{12}{5}\ \frac{13}{5}\ \frac{14}{5}\ \frac{15}{5}\ \frac{16}{5}\ \frac{17}{5}\ \frac{18}{5}\ \frac{19}{5}\ \frac{20}{5}\ \cdots$$

$$\frac{1}{6}\ \frac{2}{6}\ \frac{3}{6}\ \frac{4}{6}\ \frac{5}{6}\ \frac{6}{6}\ \frac{7}{6}\ \frac{8}{6}\ \frac{9}{6}\ \frac{10}{6}\ \frac{11}{6}\ \frac{12}{6}\ \frac{13}{6}\ \frac{14}{6}\ \frac{15}{6}\ \frac{16}{6}\ \frac{17}{6}\ \frac{18}{6}\ \frac{19}{6}\ \frac{20}{6}\ \cdots$$

⋮

有理数をジグザグに結ぶ

このようにして、表をジグザグに進んでいくと、すべての有理数が、自然数と1対1で結ばれます!

そうです、なんと、有理数の個数も、自然数の個数に等しいのです。

かたや数直線上にまばらに散らばっている自然数。かたや数直線上にぎっしりと詰まっている有理数。にも関わらず、この2つの個数は同じだなんて！

稠密

本文の中で、有理数は数直線上に「ぎっしり」詰まっていると表現しました。これは、次のような意味です。

任意の実数xと、任意の正の数 ε に対し、
ある有理数aが存在して$|x-a|<ε$を満たす

簡単にいうと、「どんな実数の、どんな近くにも、有理数が存在する」という意味です。

つまり、数直線上でどんなに小さい区間を選んでも、その中に必ず1個は有理数が含まれているということです。

このような性質を、数学では「**稠密**」と呼び、有理数は実数内で稠密である、などといいます。

せっかくですから、有理数が稠密であることを証明してみましょう。

与えられた実数xに対して、$a<x<b$となる有理数a、bを考えます。

これらの差（区間の長さ）をdとしましょう。証明の目標は、xの周りにいくらでも小さな有理数の区間を作れることを示すことです。

さて、有理数a、bのど真ん中の値（a、bの平均）をcとします。

$c = \dfrac{a+b}{2}$なので、cは有理数ですね。

x、a、b、cの4つの数は、$a<c<x<b$となるか、$a<x<c<b$となるかの、どちらかです。

もし$a<c<x<b$となったら、今度はc、bを最初のa、bの代わりにします。もし$a<x<c<b$となったら、今度はa、cを最初のa、bの代わりにします。

どちらの場合であっても、xを挟んだ2つの有理数の区間の長さは、dから$\dfrac{d}{2}$に減ります。

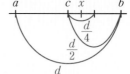

この操作を繰り返しましょう。1回やるごとに区間の長さは半分になっていきますから、n回繰り返すと$\dfrac{d}{2^n}$になります。nが大きくなると、$\dfrac{d}{2^n}$は限りなく小さくなります。よって、この操作を限りなく繰り返すことで、区間の長さを限りなく小さくできます。

したがって、どんな実数の、どんな近くにも、有理数が存在します。

■■■■■ Chapter 4 ■■■■■
では実数は？

有理数と自然数の個数が同じ。これは、当時の数学界に激震をもたらす大発見でした。そんな無茶苦茶な結論を前に、「無限を研究するなんて無意味だ」と多くの数学者は主張するようになります。

しかしそんな声なんてどこ吹く風。カントールの研究はここで終わりません。有理数まで調べたのですから、当然、実数についても調べることになります。

すでに示したように、$\infty_{\mathrm{自}}＝\infty_{\mathrm{ぐ}}＝\infty_{\mathrm{き}}$です。そして先ほど、$\infty_{\mathrm{自}}＝\infty_{\mathrm{有}}$であることも示しました。

ここまでずっと同じ個数なのですから、実数の個数「$\infty_{\mathrm{実}}$」も、$\infty_{\mathrm{自}}$と同じ個数になるのでしょうか？

先に結論を述べてしまいましょう。

カントールはなんと、実数の方が自然数よりも多い、つまり、

$$\infty_{\mathrm{自}}＜\infty_{\mathrm{実}}$$

であることを示してしまったのです！ これから、その証明をお見せします！

仮に、実数と自然数が同じ個数だと仮定しましょう。もしそうなら、すべての実数を数え上げ、次ページのようなリストを作れるはずです。

1 ━━━ 1.11421356239947891562004787 36…
2 ━━━ 3.16826600126881964467261475 21…
3 ━━━ 2.25273013997616823744419197 56…
4 ━━━ 5.75816185691135795446801013 68…
5 ━━━ 0.97123420629971568211305005 77…
6 ━━━ 8.25937064982655800140506780 03…

自
然
数

⋮　　　　　　⋮

実数と自然数の1対1対応

さて、ここからが肝となるポイントです。

カントールはここで、並べた各実数に、次のように印をつけることにしました。すなわち、1番目の実数には1桁目の数字に印をつけ、2番目の実数には2桁目の数字に、3番目の実数には3桁目の数字に、……といった具合に。

実　数

1 ━━━ **1**.11421356239947891562004787 36…
2 ━━━ 3.**1**6826600126881964467261475 21…
3 ━━━ 2.25**2**73013997616823744419197 56…
4 ━━━ 5.758**1**6185691135795446801013 68…
5 ━━━ 0.9712**3**420629971568211305005 77…
6 ━━━ 8.25937**0**64982655800140506780 03…

自
然
数

⋮　　　　　　⋮

n番目の実数のn桁目に印をつける

そして、印をつけた数字だけを取り出して並べます。最後に、それらの数字すべてに1を足しましょう（その数字が9の場合は、0に取り替えます）。

+1　+1+1+1+1+1+1+1+1+1+1+1+1+1+1+1+1+1+1+1+1+1+1+1+1+1

1.15827815978041822016334734 67…

1桁ずつ取り出して並べ、1を足す

すると、上のリストの場合、このようにして得られる数は、2.26938926…という実数です。

　さて、ここで問題。いま得られた実数2.26938926…はリストの中にあるでしょうか?

　1番目の実数と比較してみましょう。すると、1桁目でいきなり違います。当然ですよね。だって、この実数の1桁目は、1番目の実数の1桁目に1を足した数なのですから。

　2番目の実数と比較してみましょう。といっても、すべての桁を比較する必要はありません。これもまた、2桁目を見ると、必ず違います。だってこの実数は、2番目の実数の2桁目に1を足しているのですから。

　同様に、3番目、4番目の実数とも、必ず3桁目、4桁目が違います。何番目の実数と比較しようとも、必ずどこかひとつの桁は違います。だって、すべての桁に、1を足してしまったからです。

　つまり、新たに作ったこの数は、リストの中に存在しないことがわかります。

$$2-3.\boxed{1}6826600126881964467261475 21\cdots$$
$$2.2⃝69389260891529331274458 4578\cdots$$

n番目の実数とは、必ずn桁目が食い違う

　しかしこのリストには、すべての実数が書かれているはずです。にもかかわらず、そこにない実数が発見されてしまいました。

　どうしてこんな不思議なことが起こってしまうのでしょうか? リストアップしたときに、漏れがあったということでしょうか?

　いいえ、そうではありません。そもそもこの議論は、「実数と自然数が1対1に対応する」という仮定から出発していました。その結果おかしなこと(矛盾)が起こったということは、この仮定自体が間違っていた、ということなのです。

　そうです、つまりは、実数と自然数は1対1に対応しない。すなわち、実数の方が自然数よりも多いのです!

　なんということでしょう! 自然数も実数も、どちらも無限にあるにも関わらず、実数の方が多いだなんて!

同じ証明を有理数でやると？

$\infty_実$ が $\infty_自$ より大きいことがわかりました。ところでこの証明、「実数」をそっくりそのまま「有理数」に書き換えても成立しそうに思えませんか？ 有理数のリストを作り、n 番目の有理数の n 桁目に1を足した数を並べた数はリストに登場しない数になります。なのになぜ、有理数は自然数より多いといえないのでしょうか？

それは、そうして新たに作った数が有理数になるとは限らないからです。実数の場合、新たに作った数は必ず実数（無限小数）になります。しかし有理数の場合、繰り返しが現れず無理数になることもあるため、証明が成立しないのです。

無理数の個数

有理数と自然数は同じ個数で、実数の個数はそれらより多いことがわかりました。では、無理数はどうでしょうか？

先に結論を書くと、無理数の個数は、自然数の個数より多く、実は実数の個数と同じです。それはこんな風に考えることができます。

実数は、無理数と有理数を合わせたものでした。ということは、無理数の個数を「$\infty_無$」と書くと、

$$\infty_無 + \infty_有 = \infty_実$$

となるはずですね？

ところで、$\infty_有 = \infty_自$ だったので、上の式は

$$\infty_無 + \infty_自 = \infty_実 \quad\cdots\cdots①$$

とも書けます。さらに、偶数と奇数について考えたときに、

$$\infty_自 + \infty_自 = \infty_自 \quad\cdots\cdots②$$

が成り立つことも示しましたね。

さあ、ここで式①と式②を見比べましょう。もし、$\infty_無 = \infty_自$ だったら、

式①は

$$\infty_{自} + \infty_{自} = \infty_{実}$$

となってしまいますが、これは明らかに式②と矛盾します。

よって、$\infty_{無} > \infty_{自}$なのです。

そして、さらに$\infty_{無} = \infty_{実}$であることが知られています。

ここまでわかったことをまとめると、次のような関係式になります。

$$\infty_{自} = \infty_{有} < \infty_{実} = \infty_{無}$$

本文中で、有理数は数直線上に「ぎっしり」詰まっていると説明しました。しかし、無理数はそれよりさらに「ぎっしり」詰まっているわけです。実数や無理数に比べれば、有理数は「すかすか」なのです。

テーマ2 無限

カントールの「実数の方が自然数よりも多い」という発見は、単に「実数の方が多い」というだけに留まりません。

この発見の最大のポイントは、無限にも種類があるということ。自然数や有理数のような「普通の無限」だけでなく、実数のような「でっかい無限」があるということなのです!

こうして無限の大小について調べ続けたカントールは、さらにこんなことまで言い出しました。

「普通の無限」と「でっかい無限」
の間に他の大きさの無限、
いわば「中くらいの無限」は存在しない!

これは「連続体仮説」と呼ばれる予想です。

そしてこの予想が、カントールの人生を大きく変えていくことになりました。

「でっかい」ってどれくらい？　

$\infty_\text{実}$が$\infty_\text{自}$より「でっかい」ことがわかりました。では、どのくらい「でっかい」のでしょうか？
これはカントール自身が、次のように証明しています。

実数は、自然数全体の部分集合の総数と同じだけある

さて、どういう意味でしょうか？
ものの集まりのことを「集合」と呼び、ある集合の中で作れる集合を「**部分集合**」と呼びます。たとえば、3つの自然数1、2、3を集めた集合を考えましょう。これを {1, 2, 3} と書きます。この中で作れる部分集合は、何も入っていない集合 { } も含めると、

$$\{\ \},\ \{1\},\ \{2\},\ \{3\},\ \{1,\ 2\},\ \{1,\ 3\},\ \{2,\ 3\},\ \{1,\ 2,\ 3\}$$

の8個です。

最初の集合 {1, 2, 3} は3個の要素からできていますが、その部分集合全体は全部で8個に増えています。
一般に、要素がn個の集合の部分集合は、2^n個あります。要素が4個の集合なら部分集合の個数は$2^4 = 16$個、5個なら$2^5 = 32$個、10個なら$2^{10} = 1024$個、20個なら$2^{20} = 1048576$個、そして100個なら
$2^{100} = 1267650600228229401496703205376$個と、爆発的に増えていきます。

カントールが示したのは、実数の個数は$2^{\infty_\text{自}}$個であるということ。2^{100}ですらとんでもない数なのに、$2^{\infty_\text{自}}$個だなんて！　実数の無限はものすごく「でっかい」ことがわかりますね。

Chapter 5

カントールのその後

　無限という全く未知の分野を切り開くカントールに対し、保守的な数学者たちの反発はすさまじいものでした。特に、学生時代の恩師レオポルト・クロネッカーは、カントールの無限に関する研究を一切認めようとしませんでした。カントールの論文が専門誌に載るのを阻止したり、公の場で批判したりを繰り返したそうです。

レオポルト・クロネッカー
（1823〜1891）

　カントールはそんな妨害にもめげず研究を続けました。しかし、「中くらいの無限は存在しない」という連続体仮説を証明できないまま、重い心の病を患います。

　そして1918年、その波乱の生涯を閉じました。

　解かれることなく残った連続体仮説。
　実はのちに、とんでもないことがわかります。
　なんと連続体仮説は「いくら考えても正しいのか正しくないのか証明できない問題」ということが証明されてしまったのです！

　これは決して、「難しいから証明できない」なんて話ではありません。
　ことの発端は、1931年にクルト・ゲーデルが発表した「**不完全性定理**」です。これは平たくいうと、

不完全性定理

数学の世界には「正しいとも正しくないとも証明できない問題」が存在する

クルト・ゲーデル
（1906〜1978）

という驚くべき定理でした。

そして連続体仮説もまた、そのような「正しいとも正しくないとも証明できない問題」の1つであることが証明されてしまったのです！　そしてそれは、カントールの死後、50年近く経ってからのことでした。

　類<ruby>稀<rt>たぐい</rt></ruby>な発想力をもつ"自由人"カントールは、その自由さゆえに、当時ご<ruby>法度<rt>はっと</rt></ruby>だった無限の世界の扉を開いてしまいました。そしてその発想力で、「ふつうの無限」と「でっかい無限」があることを証明しました。

　彼の自由な数学は、当時こそ非難されましたが、現在では否定する数学者はいないでしょう。カントールが切り拓いた世界のおかげで、現代の私達は、自由に無限を扱うことができるのです。

　その業績を<ruby>称<rt>たた</rt></ruby>え、カントールが暮らしたドイツ、ハレの街の片隅には、彼自身のこんな言葉が刻まれています。

数学の本質は、その自由性にあり

エディターズノート

「正しいとも正しくないとも証明できない」？

連続体仮説は、「正しいとも正しくないとも証明できない」と説明しました。どういう意味でしょう？
Chapter4で、「∞_実＝∞_自と仮定するとおかしなことになる」と示しましたね？　そのことから、∞_実＞∞_自と結論したのでした。
連続体仮説に対しても同じように、「中くらいの無限が存在する」と仮定してみましょう。しかしその場合、いくら頑張ってもなんら矛盾が出てこないのです。
では反対に「中くらいの無限は存在しない」と仮定してみましょう。するとなんと、この場合でもやはり矛盾は出てこないのです。
∞_実＝∞_自と仮定したときは矛盾が出たので、両者が同じ個数でないことがわかりました。しかし連続体仮説では、正しいと仮定しても正しくないと仮定しても、現行の数学体系の中では矛盾が生じないことが証明されました。これが、「正しいとも正しくないとも証明できない」の意味です。

実数より大きい無限

$\infty_\text{実}$より大きな無限は存在するのでしょうか？　これについて、カントール自身が証明した、次の「**カントールの定理**」が知られています。

カントールの定理

任意の集合 A に対して、A のすべての部分集合の集合は、A よりも真に大きい

任意の集合と言っているのですから、実数の集合を考えても構いません。すると、実数のすべての部分集合の集合は、実数よりも真に大きくなります。それはつまり、実数の無限よりも大きな無限ということです。

ついでに、こうして作った大きな無限に対して、再び部分集合をすべて集めましょう。これは、実数よりも大きな無限よりもさらに大きな無限になります。

この無限に対してさらに同じことをすれば、さらにさらに大きな無限が得られます。この操作はいくらでも繰り返せるので、いくらでも大きな無限が、いくらでも作れてしまいます！

カントールは、「無限には、無限の種類がある」ことを証明したのです。

ちなみに、どんな無限集合 X をもってきても、その個数 ∞_X と 2^{∞_X} の間に他の無限は存在しない、つまり X の次に大きい無限の大きさは 2^{∞_X} である、という予想を「**一般連続体仮説**」と呼びます。そして、これもまた、正しいとも正しくないとも証明できない問題であることが証明されています。

テーマ2 無限

Chapter 6

編集後記 「無限」

　テーマ2は「無限」をお送りしました。「無限」という言葉は日常でもしばしば登場しますが（「このお菓子、無限に食える」とか）、それについて深く考えたことはあまりないかもしれません。

　このテーマの最大のポイントは「無限には種類がある」ということ。「このお菓子、無限に食える」といったとき、この人が食えるのは$\infty_\text{自}$個なのでしょうか？　それとも$\infty_\text{実}$個なのでしょうか？

　ところで、本文中では「実数の個数」と書いていましたが、数えられない実数を「個数」と呼ぶのはなんだか不自然です。そもそも、無限にあるものを数えられるのでしょうか？

　実は数学の世界では、無限に対して「個数」という用語は使いません。「**濃度**」と呼びます。本文中で$\infty_\text{自}$としていたのは、「自然数の濃度」と呼ばれるものです。

　さらに、濃度「$\infty_\text{自}$」を「**可算無限**」と呼びます。「数えられる無限」と名付けられているのです。自然数と1対1に対応するからですね。偶数や有理数は可算無限です。

　一方、濃度「$\infty_\text{実}$」を「**連続無限**」と呼び、実数のように、連続無限の濃度を持つ集合は「**連続体**」と呼ばれます。数直線のように、途切れることなく連続した物体のイメージなのでしょうか。p.59のノートで述べたように、無理数は連続体です。

　「連続体」という言葉は、本文中ですでに登場しましたね。そう、カントールが示そうとした「連続体仮説」です。ここまでの用語を使うと、連続体仮説は次のように書けます。

連続体仮説

可算無限の次に濃度の小さい集合は、連続体である

これが、カントールの示そうとしたことでした。

ところで、連続体より大きな集合はいくらでもありますが、可算無限より小さな無限はあるのでしょうか?

実は、そのような無限は存在しないことが知られています。可算無限は、無限の中で「最も小さい」のです。

そのため、可算無限の濃度のことを「$\aleph_0$」（アレフゼロ）と呼ぶことがあります。最も小さいので「0」とついているわけですね。当然、この次に小さな無限の濃度を「$\aleph_1$」、その次に小さな無限の濃度を「$\aleph_2$」……と呼びます。

この記号を使うと、連続体仮説は

連続体仮説

連続体の濃度は $\aleph_1$ である

と書くことができます。さらにいうと、連続体の濃度のことを「$\aleph$」（アレフ）と呼ぶこともあるので、連続体仮説は次のように書けます。

連続体仮説

$\aleph = \aleph_1$ である

カントールが示そうとしたのは、このたった一本の数式でした。

番組制作班おすすめ「無限」の参考資料

●志賀浩二 著『数の世界』岩波書店

●志賀浩二 著『極限の深み』岩波書店

●小山信也 著『リーマン教授にインタビューする』青土社

監修:NHK「笑わない数学」制作班
　　　小山信也(東洋大学理工学部教授)
ライター:キグロ

四色問題

four-color problem

Chapter 0

グラフ理論

　四色問題は「**グラフ理論**」という数学の理論を用いて解決されました。この Chapter では、グラフ理論における有名な問題の1つである「**ケーニヒスベルクの橋の問題**」について触れたいと思います。

　ケーニヒスベルクとは、18世紀のプロイセンにあった都市の名称（現在のロシア、カリーニングラード）で、そこにはプレーゲル川という川が流れており、右の図のように土地と土地を結ぶ7つの橋が架けられていました。

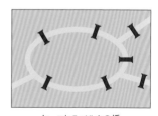

ケーニヒスベルクの橋

ケーニヒスベルクの橋の問題

スタート地点はどこからでも良いとして、プレーゲル川に架かる7つの橋をすべて1回だけ通るような散歩道があるか？

1736年に、レオンハルト・オイラーは、つながった土地を1つの"点"、橋を"辺"と考え、左下のような「**グラフ**[★01]」に置き換えて考えました。辺の長さや形は問わず、点と点とのつながり方が同じであれば同じグラフとみなしますので、単純化すると右下のグラフになります。

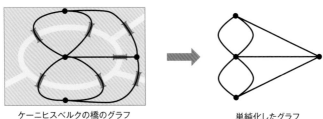

ケーニヒスベルクの橋のグラフ　　　　　　　単純化したグラフ

　このグラフが一筆書きできることと、ケーニヒスベルクの7つの橋をすべて1回だけ通るような散歩道があることが、等価になるのです。
　そしてオイラーは、グラフが一筆書きできるためには、次の条件をみたす必要があることを示しました。

グラフが一筆書きできるための条件

次の(1)、(2)のいずれかが成立すること
(1)すべての頂点の次数[★02]が2以上の偶数
(2)2つの頂点の次数が奇数で、残りの頂点の次数が2以上の偶数

　この条件を確認するために、問題のグラフにおける各頂点の次数を確認してみましょう。右図のように、4頂点すべてにおいて、奇数であることがわかりますので、このグラフは一筆書きすることはできません。

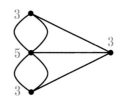

　つまり、オイラーはケーニヒスベルクの橋の問題を、グラフに置き換えて、グラフの一筆書きができないことを示すことで、この問題を否定的に解決したのです。

[★01]　「グラフ」とは点と線からなる図形で、その点を「頂点」、線を「辺」といいます。
[★02]　頂点から出ている辺の本数を「次数」といいます。

このグラフのように、問題を解くために、必要となる情報だけを取り出して問題の本質を明らかにして解決することができるのは、数学の魅力の1つかと思います。

　それでは、次のChapterからは本テーマの主題である「**四色問題**」について紹介いたします。

Chapter 1
四色問題とは？

　四色問題は、天才たちが100年以上かけてようやく証明した数学の難問です。しかし、その証明は「歴史的な偉業だ」と喝采を浴びる一方で、「信用できない」「美しくない」とも批判されたいわくつきのものなのです。

　とはいえ、四色問題がどんな問題なのかは誰にでも理解できます。

　右の図は東京23区の地図です。

　これから、この地図を隣の区が同じ色にならないように塗り分けていきます。ただし、できるだけ少ない数の色で塗り分けます。

　何色必要だと思いますか？　23色でしょうか？　いやいや、もっと少なくても大丈夫です。

　それでは一体何色必要なのでしょうか？　それが問題です。

問題

与えられた地図を隣り合う地域が同じ色にならないように塗り分けるには、最低何色必要なのか？

まずは赤と青の2色で塗り分けられる
かみてみましょう。港区を赤、中央区を
青で塗ると、両方の区に隣接する千代田
区を赤で塗っても、青で塗っても隣の区
と同じ色になるため、塗り分けることが
できません。

千代田区と港区が赤

千代田区と中央区が青

それでは、赤色と青色に黄色を加えた3色あれば塗り分けられるでしょうか?

千代田区は港区と中央区に隣接するの
で黄色、新宿区は港区と千代田区に隣接
するので青色、文京区は千代田区と新宿
区に隣接するので赤色で塗らなければな
りません。すると、台東区は中央区、千
代田区、文京区の3区に隣接するため、
色を与えることができません。

3色では台東区を塗り分けられない

[★03] この2区を別の色で塗りかえすれば、どの2色を使っても良いですが、後の議論で色が入れ替わる
だけで結論は変わりません。

それでは、赤色、青色、黄色に緑色を加えた4色あれば塗り分けられるでしょうか?

緑色を加えたことにより、<u>中央区</u>、千代田区、<u>文京区</u>の3区に隣接する<u>台東区</u>を緑色で塗り分けることができます。

さらにどんどん塗り分けていくと、4色用いれば東京23区をすべて塗り分けることができるのです。

4色を使って塗り分けることに成功

では、他の地図ではどうでしょうか? 今度は日本地図で試してみましょう。

まずは北海道を赤で塗り、どんどん塗り分けていくと、やはり日本地図も4色で塗り分けることができました。

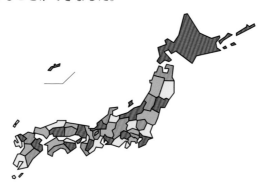

さて、これまでの説明で四色問題がどのような問題か、おわかりいただけたのではないかと思います。そうです、世の中のすべての地図は、4色あれば塗り分けられるのではないか、それをどうやったら証明できるのかが、今回のテーマ、世紀の難問「四色問題」なのです。

四色問題

すべての地図は4色あれば、塗り分けられるか？

物語は、1852年イギリスのロンドンで、ある若者が不思議なことに気がついたところから始まります。

どんな地図でも
4色で塗り分けることが
できそうだ。

その話を聞いたイギリスを代表する数学者の一人、オーガスタス・ド・モルガン[★04]は、このことを数学的に厳密に証明しようと思い立ちます。

しかし、ド・モルガンは証明に大苦戦。彼が学者仲間にこの難問を投げかけていったことで、四色問題は世に広がっていったのです。

オーガスタス・ド・モルガン
（1806〜1871）

[★04] 「ド・モルガンの法則」という重要な規則を発案した有名なイギリスの数学者。

Chapter 2

最初の進展

　ド・モルガン以外にも多くの数学者が四色問題に挑戦しましたが、誰も証明には到達できず、時間だけが流れていきました。しかし、問題が生まれて27年後の1879年に四色問題を大きく前進させる論文が発表されました。

　その論文の著者はアルフレッド・ケンプというロンドンで働く弁護士でした。彼はまず、次のように地図を整理することから始めました。

　ここに、ありとあらゆる地図の山があるとします。この地図の山の中には、例えば次のように、ある島にひしめく5カ国の地図や、ある大陸の20カ国の地図が入っています。

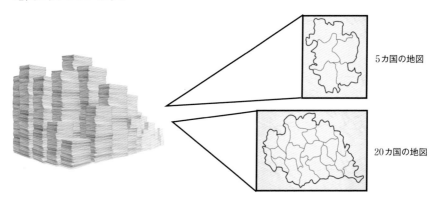

5カ国の地図

20カ国の地図

　ここにある、ありとあらゆる地図がすべて4色で塗り分けられるか1枚1枚確かめることになるのでしょうか？　さすがにそういうわけにはいきません。

　そこで、ケンプはまずこう考えました。

アルフレッド・ケンプ
(1849〜1922)

国の数で
地図を分類すること
から始めよう！

それでは、ケンプの言う通り、国の数で地図を分類していきましょう。

下に並んでいるのは1カ国の地図すべてが入った箱、2カ国の地図すべてが入った箱、…、100カ国の地図すべてが入った箱、…、10000カ国の地図すべてが入った箱、…、です。

こんな具合に、ケンプはすべての地図を国の数で分類していきました。

さて、ここで問題です。1カ国の地図たちは4色で塗り分けられるでしょうか？

当然できますよね。1カ国しかない地図なのですから、4色のうちどれかの色（右図では赤色）で塗ってしまえば塗り分けられます。つまり、1カ国の地図すべてが入った箱は4色で塗り分けOK。

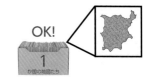

次に2カ国はどうでしょう。これも当然、4色のうちどれか2つの色（右図では青色と黄色）で塗ってしまえば塗り分けられます。つまり、2カ国の地図すべてが入った箱も4色で塗り分けOK。

同じように、3カ国の地図すべてが入った箱も4色のうちどれか3色で塗ってしまえばOK。4カ国の地図すべてが入った箱も4色で塗ればOK。

それでは、5カ国の地図すべてが入った箱はどうでしょうか？　6カ国の地図すべてが入った箱は？　もしかしたら、塗り分けOKと証明できるかもしれません。

ただ、何カ国の地図まで塗り分けられるかわからないので、とにかく1カ国の地図すべてが入った箱か

p2

p3

テーマ3　四色問題

p4

p5

p6

p7

p8

p9

p10

p11

p12

p13

p14

p15

p16

p17

p18

p19

p20

ら、nヵ国の地図すべてが入った箱までが4色で塗り分けOKになったと仮定 [★05]
しましょう。

　さあ、ここからが大事なポイントです。ここでケンプはこんなことを言いました。

「1ヵ国の地図すべてが入った箱から、
nヵ国の地図すべてが入った箱まで、
すべての箱が4色で塗り分けOKならば、
次の$n+1$ヵ国の地図すべてが入った箱も
自動的にOK」という
"都合の良いこと"がもしあれば、
凄いことが起きるぞ!!

　もしケンプが言っている"都合の良いこと"が本当にあるのなら、nヵ国までの箱が全部OKだということから、$n+1$ヵ国の箱も自動的に全部OKということになります。

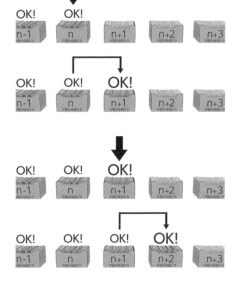

　すると、$n+1$ヵ国までの箱が全部OKになったことになりますから、"都合の良いこと"によって、今度は$n+2$ヵ国の箱も自動的にOKということになります。

　同様に、もし"都合の良いこと"があるのなら、$n+3$ヵ国の箱もOK、$n+4$ヵ国の箱もOKというように、まるでOKサインのバケツリレーのように、無

[★05]　これまでの議論により、$n \geqq 4$です。

限に続くすべての箱がOKだということがいえてしまいます。

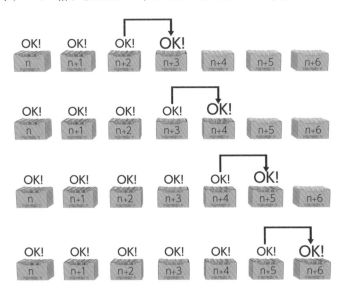

　つまり、この"都合の良いこと"が実際にあることさえ示せれば、四色問題は解決できるのです。

　このケンプの作戦は、数学の世界では「**数学的帰納法**」として当時も知られていたテクニックです。

　しかし、ここでは**OKリレー作戦**と呼ぶことにしましょう。

数 学 的 帰 納 法　　　| サイドノート |

すべての自然数nに対して、$P(n)$という命題が成立することを示したい場合に、以下の流れで証明を行う手法を「**数学的帰納法**」といいます。

(ⅰ)　$P(1)$が成立することを示す

(ⅱ)　「$P(n)$が成立すると仮定すると、$P(n+1)$が成立する」ことを示す

(ⅲ)　(ⅰ),(ⅱ)により、任意の自然数nについて、$P(n)$が成り立つことを結論する

四色問題の証明で用いられた数学的帰納法は上記の進化版となっていて、(ⅱ)において「n以下のすべての自然数で成立する」と仮定したもので、これを「**完全帰納法**」、もしくは「**累積帰納法**」とも呼びます。

Chapter 3

二辺国と三辺国の証明

　この先の目標は、この"都合の良いこと"が本当に正しいのかを確かめることです。一体どうすれば良いのでしょうか?

　ケンプはあることに着目します。

> どんな地図にも、「二辺国」、「三辺国」、「四辺国」、「五辺国」と呼ばれる国のどれか1つは必ず含まれる。

　見慣れない言葉が現れましたが、落ち着いてください。試しに世界地図を見てみましょう。

　ヨーロッパのリヒテンシュタインは、スイスとオーストリアの二カ国に接しています。このように二カ国に接している国を「二辺国」と呼びます。

　南米のパラグアイは、ボリビア、アルゼンチン、ブラジルの三カ国に接しています。このように三カ国に接している国を「三辺国」と呼びます。

ヨーロッパのチェコは、ドイツ、オース
トリア、スロバキア、ポーランドの四カ国
に接しています。このように四カ国に接し
ている国を「四辺国」と呼びます。

四辺国

アジアのラオスは、ミャンマー、タイ、
カンボジア、ベトナム、中国の五カ国に接
しています。このように五カ国に接してい
る国を「五辺国」と呼びます。

五辺国

ケンプが着目したのは、二辺国から五辺国のうちどれか1つは、どんな地図
にも必ず存在しているという事実でした。(この証明はp.79からのエディターズ
ノートにまとめました)

この事実をまだOKとわかっていない箱に当てはめてみましょう(先ほど、n カ
国の箱まで4色で塗り分けOKである、と仮定したことを思い出してください)。

すると、n + 1 カ国の箱の中の地図たちは、「二
辺国」を含む地図、「三辺国」を含む地図、「四辺
国」を含む地図、「五辺国」を含む地図の4つに
分類できます。

ここでは、二、三辺国を含む場合は二辺国に分
類、三、四、五辺国を含む場合は三辺国に分類、二、
三、四、五辺国を含む場合は二辺国に分類すると
いった具合に、複数を含む場合は、「一番小さい辺国に分類する」と決めます。

もしかしたら、「六辺国」や「七辺国」もしくはそれ以上の辺がある国は考
えなくて良いのかという疑問を持たれるかもしれません。実は、「六辺国」や「七
辺国」などを含む地図にも二辺国から五辺国のいずれかが存在し、この4つの
分類のいずれかに必ず当てはまるのです。(このこともp.79からのエディターズ
ノートで説明しています)

多面体定理

ここで、四色問題をはじめとするグラフ理論で活躍する「**多面体定理**」を紹介しましょう。多面体定理とは、次のような定理です。

多面体定理

（穴の無い）多面体に対して、F：面の数、V：頂点の数、E：辺の数とすると、$F + V - E = 2$という等式が成立する。

この多面体定理を適用するために地図にある国や地域（外側も含む）を「**面**」、面と面の境界を「**辺**」、辺と辺のつなぎ目を「**頂点**」と考えることにします。

具体例として、右図の関西の地図で考えてみると、色を付けた部分の面の数は7、頂点の数は12となります。辺の数は、頂点どうしを結ぶ県境線を図のようにナンバリングして数えてみると、18となります。ただし、各県に属する飛び地や、淡路島などの離島については、考えないことにします。

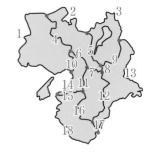

さて、多面体定理は立体図形に対するものです。これを先ほどの地図に用いるために、地図の外側（右上の7府県を囲む白い領域）をもう1つの面として考えます。一度、右の図のように辺をまっすぐに伸ばして、辺1、2、3、13、18、14で囲まれた六角形を底面として、上から見ると右の図のように見える立体を考えてみると、イメージしやすいかもしれません。

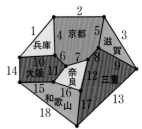

つまり、$F = 7 + 1 = 8$、$V = 12$、$E = 18$となるので、

$$F + V - E = 8 + 12 - 18 = 2$$

となり、多面体定理が成立していることがわかります。
実は、面と頂点の数がわかれば、多面体定理より、

$$8 + 12 - E = 2$$

が成立し、$E = 18$が求まることになります。
上記のように辺をナンバリングして数え上げるまでもなく、辺の数を求めること

ができるのです。

この「多面体定理」が四色問題でどう活躍するのか。それは次のエディターズノートをご覧ください。

どんな地図も、二辺国、三辺国、四辺国、五辺国のいずれかを含む

ケンプが着目した『どんな地図にも、「二辺国」、「三辺国」、「四辺国」、「五辺国」と呼ばれる国のどれか1つは必ず含まれる』ことは次のように証明できます。

なお、この証明には「多面体定理」（p.78）を使いますので、地図に海があるときは、海も1つの国とみなして考えることにします。

さらに、一辺国（一ケ国または海だけに接している国）には境界（一辺）上に頂点がないため、グラフ理論の道具が使えませんので、ここでは、二辺国以上のみからなる地図について考えることにします。（一辺国についてはp.87を見てください）

Proof

地図上に存在する n 辺国の数を C_n とする。ただし、$n \geq 2$。

また、国の数を F、辺の数を E とすると以下が成り立つ。

$$F = C_2 + C_3 + \cdots = \sum_{n \geq 2} C_n \quad \cdots\cdots ①$$

$$E = \frac{2 \times C_2 + 3 \times C_3 + \cdots}{2} = \frac{1}{2} \sum_{n \geq 2} (n \times C_n) \quad \cdots\cdots ②$$

ここで、頂点の数を V とおくと、「各頂点では3本以上の辺が交わること」、「各辺は2つの頂点を結ぶこと」から、頂点の数 V に3を掛けて、重複する分の2で割ったものが、E のとりうる最小数であることがわかるため、以下の関係が得られる。

$$\frac{3}{2} V \leq E \quad \cdots\cdots ③$$

テーマ3 四色問題

さらに、前述の多面体定理より、以下が成立する。

$$V = 2 + E - F \quad \cdots\cdots ④$$

③、④より

$$0 \leq E - \frac{3}{2}V = E - \frac{3}{2}(2 + E - F) = \frac{3}{2}F - \frac{1}{2}E - 3$$

両辺を2倍して①、②を代入すると

$$0 \leq 3F - E - 6 = 3\sum_{n \geq 2} C_n - \frac{1}{2}\sum_{n \geq 2}(n \times C_n) - 6$$

両辺を2倍して

$$0 \leq 6\sum_{n \geq 2} C_n - \sum_{n \geq 2}(n \times C_n) - 12$$

式を整理すると

$$12 \leq \sum_{n \geq 2}(6 - n) \times C_n \quad \cdots\cdots ⑤$$

ここで

$$\sum_{n \geq 2}(6 - n) \times C_n = 4C_2 + 3C_3 + 2C_4 + C_5 - 0 \times C_6 - C_7 - 2C_8 \cdots$$

これと⑤をあわせると

$$0 < 12 \leq 4C_2 + 3C_3 + 2C_4 + C_5 - 0 \times C_6 - C_7 - 2C_8 \cdots$$

いま$-0 \times C_6 - C_7 - 2C_8 \cdots$の部分は計算すると0以下となるので、右辺を正の数とするには、少なくともC_2、C_3、C_4、C_5のいずれかは、正の数となる必要がある。

したがって、『どんな地図にも、「二辺国」、「三辺国」、「四辺国」、「五辺国」と呼ばれる国のどれか1つは必ず含まれる』

$$\boxed{\text{Q.E.D.}}$$

ここで、どんな地図も二辺国、三辺国、四辺国、五辺国のいずれかを含むということは、六辺国や七辺国を含む地図であっても、二辺国、三辺国、四辺国、五辺国のいずれかを含むということです。

したがって、「六辺国」や「七辺国」などを含む地図にも二辺国から五辺国のいずれかが存在し、この4つの分類のいずれかに必ず当てはまることになります。

ここからは、箱の中で4つに分類された地図がそれぞれ4色で塗り分けられるか考えていきましょう。

　ではまず、二辺国を含む地図について考えていきましょう。

　ここで、ケンプは二辺国を消して考えてみるということを思いつきました。

$n+1$カ国の地図から二辺国（左上の斜線の国）を1つ消して、nカ国の地図にする

　二辺国を消したこの地図の国の数は1カ国減ったことになります。ここで思い出してください。今調べているのは、$n+1$カ国の地図でした。それより1カ国少ないnカ国の地図は、すべて4色で塗ることができたのでしたよね。

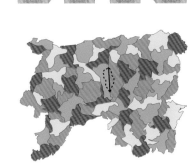

　なので、二辺国を消して1カ国減った地図は、4色で塗ることができます。

　ここで、先ほど消してしまった二辺国を復活させるとどうなるか。

　この復活させた二辺国には、接している二カ国とは別の色を塗ることができますよね。すると、地図全体を4色で塗り分けられたということになります。

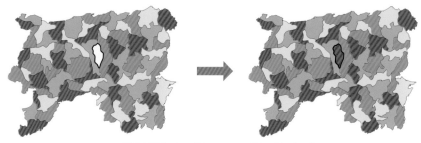

二辺国を復活させて、接している二カ国とは別の色で塗る

つまり、二辺国をひとつでも含む$n+1$カ国の地図は、すべてこの方法で塗り分けOKだと証明できたことになります！

それでは二辺国と同じように、三辺国、四辺国、五辺国を含む地図の証明はできるのか、ケンプの天才的な発想を基に進めていきましょう。

右の図は三辺国（斜線部）を含む地図です。

この三辺国を消してしまうと、1カ国少ないnカ国の地図になるので、この地図は4色で塗れるはずです。

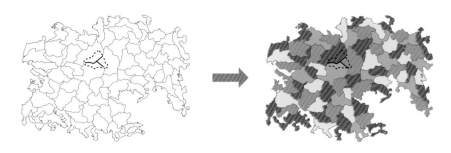

そして、消してしまった三辺国を復活させると、復活させたこの国も接している三カ国とは別の色で塗ることができます。

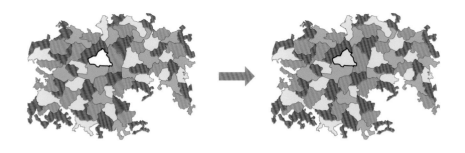

　これで三辺国をひとつでも含む $n+1$ カ国の地図もすべて4色で塗り分けられることがわかりました。

　それでは、四辺国を含む地図ではどうでしょう。同じように四辺国を消した n カ国の地図を4色で塗り、四辺国を復活させます。

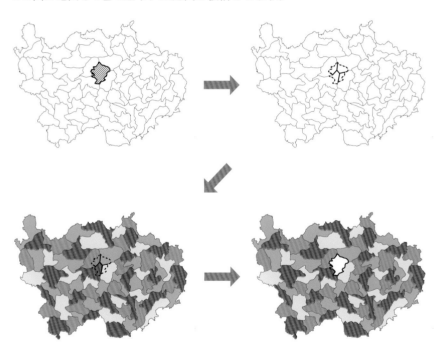

　しかし、復活させたこの国に接している四カ国には異なる4色が塗られている可能性があるため、復活させた国に4色のどれを塗っても、塗り分けることができません。どうすればよいのでしょうか?
　ここで、ケンプの天才が発揮されるのです。

Chapter 4

四辺国の決着

復活させたものの、もう塗る色が無い
四辺国に対して、ケンプは以下のように
強引な方法を試します。

四辺国の左上にある黄色の国を、右下
と同じ青色に変えてしまいます。すると、
復活させた四辺国は黄色に塗ることができました。

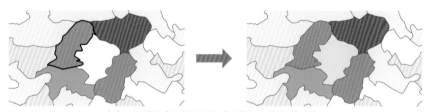

左上にある国の色を右下の国の色と揃えて、強引に色を塗る

これで塗り分け完了でしょうか?

いえいえ、青色に塗り替えた国の隣に、また青色の国があるかもしれません。
するとケンプは、その青色の国を黄色に変えてしまえばよいと言うのです。

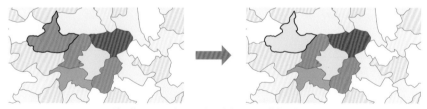

塗り替えた国の隣の国の色が青色だったら黄色に変える

しかし、塗り替えたその国の隣にまた黄色の国があるかもしれません。
そこでケンプはさらに、その黄色を青色に変えてしまいました。

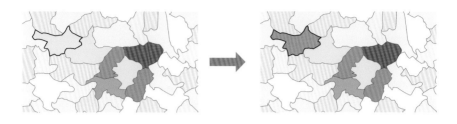

　つまりケンプは、連鎖が続く限りは、色を塗り替えていくという強引な方法をとったのです。しかし、こんな方法をとって、終わりがあるのでしょうか？

　終わりがあるとすれば、次々と色を入れ替えた先で海に到達したり（左下図）、あるいは緑色と赤色の国だけにぶつかったり（右下図）した場合に限ります。

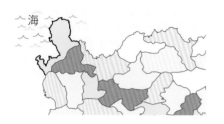

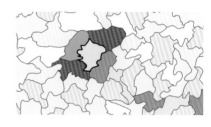

　しかし、地図がいつもそんな風になっているとは限りません。

　たとえば、下のような最悪のパターンの地図がありうるのです。

　先ほどのように強引な方法で次々と黄色と青色を入れ替えていくと、その連鎖がぐるっと戻って来てしまう場合です。

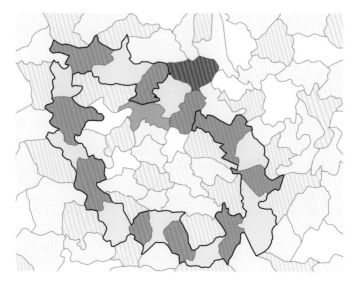

そうなると、もともと青色だった四辺国の右下の国も黄色に変えなければいけませんから、四辺国と同じ黄色になってしまい、この強引な塗り替え作戦は失敗です。

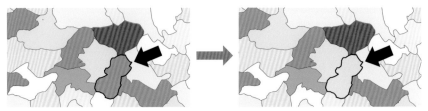

四辺国の右下の国を黄色に変える必要があるが…

　しかし、ケンプの天才ぶりが発揮されるのはここからなのです。
　なんと今度は、四辺国の左下にある緑色の国を、右上と同じ赤色に変えてしまおうというのです。そうすると、復活した四辺国に緑色を塗ることができました。

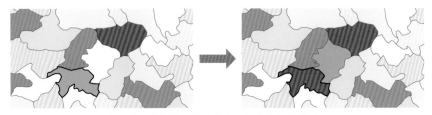

左下の国の色を右上の国と同じ色にすると、四辺国が塗れる

　では、これで決着かというと、もちろんそんなことはありません。
　赤色に変えた国の向こうに赤色の国があったら、また赤色と緑色を塗り替えていかなければなりません。

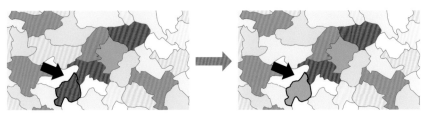

赤と緑について、青と黄のときと同じように塗り替えを繰り返す

この方法では、先ほどと同じように、塗り替えが失敗してしまうのではないかと思われるかもしれませんが、実は赤色と緑色の塗り替えが、やがて先ほどの黄色と青色の連鎖にぶつかって止まることがわかります。

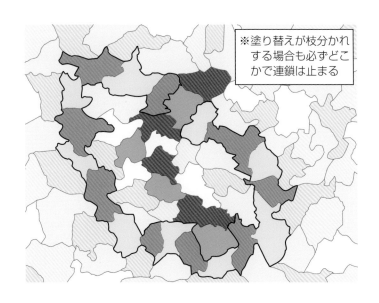

※塗り替えが枝分かれ
する場合も必ずどこ
かで連鎖は止まる

　なんと、四辺国をひとつでも含む$n+1$カ国の地図も4色で塗り分けられることがわかったのです。

エディターズノート

一辺国の扱いについて

　p.79のエディターズノートでは、オイラーの多面体定理を使うために、都合の良い条件をこっそりと仮定して議論をしていましたが、しかし、それでは日本のような島国の場合が漏れてしまっていますね。一般には一辺国も考えなければいけません。

　実は、どんな地図にも一辺国、二辺国、三辺国、四辺国、五辺国のどれか1つは必ず存在します。

しかし、一辺国がある場合は、その一辺国をいったん無視して、まず残りの国々（＝一カ国少ない地図）に色を付け、そのあとで、無視した一辺国に隣と違う色を塗ればいいので、これも塗り分けられるのは明らかです。
このように"OKリレー作戦"（数学的帰納法）が成立することが明らかなので、ここまでで紹介したような、国境をいったん変更する（国を消して→塗って→戻す）という慎重な検討をする必要があるのは、二辺国から五辺国を含む地図ということになります。

ケンプの証明と多面体定理

ここでは、ケンプの証明について、本文では触れなかった内容を補足します。かなり高度な考え方になりますので、雰囲気を味わっていただければと思います。
ケンプの証明には立体に適用される「**多面体定理**」（p.78）が利用されています。地図は平面ですので、次のようにして多面体定理を適用します。
その証明は、地図が地球の表面上、つまり球の表面上（「**二次元球面** S^2」という）にあると考え、その地図を、球面上のグラフに変換することで多面体定理を適用するというものです。
逆に、二次元球面 S^2 上のグラフを、球に接する平面に描かれた地図に対応させることもできます。下の図のように、球の中心に対して、平面と接する点と対称の位置にある点をOとして、地図上の各点Pに対して点Oから引いた直線と平面との接点Qを対応させるのです。

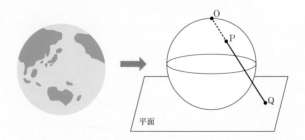

こうすることで、立体に適用される多面体定理を、平面の地図、つまり平面上のグラフに対しても適用することができるのです。

Chapter 5

壁となった五辺国

四辺国を含む地図まで4色で塗り分けられることがわかったのですから、残るは五辺国をひとつでも含む$n+1$カ国の地図が4色で塗り分けられるかどうかです。

ケンプは1879年に発表した論文で、五辺国を含む地図もすべて4色で塗ることができると記していました。しかし11年後、その論文に誤りが見つかります。[★06]

ケンプの方法では五辺国を攻略できないということがわかった後、多くの数学者たちが新しいアイデアを用いて証明に挑んだものの、長い間誰一人成功しませんでした。

しかし、20世紀に入ると、そんな絶望的な状況に僅かな希望を与える新たな証明方法が考案されます。

新たな証明方法とは、五辺国を含む地図をさらに細かく分類して、塗り分けられるか調べてみようというものです。

実は、五辺国を含む地図は、さらに右の図のように2つに分類できます。

五辺国をさらに分類したこの2つをそれぞれ4色で塗り分けられることを示すことができれば、五辺国の問題も解決です。

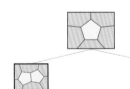

五辺国＋五辺国を含む地図

五辺国＋別の形の国を含む地図

[★06] 誤りを見つけたのはイギリスの数学者パーシー・ジョン・ヒーウッド。ヒーウッドはケンプの論文を元に「五色定理」(すべての地図は必ず五色以下で塗り分けられる)を証明しました。

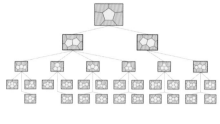

しかし、この方法でも、誰も証明に辿り着くことはできませんでした。数学者たちは、さらに分類を行い、それでも駄目ならさらに分類することを繰り返すことになりました。

ようやく、1913年にアメリカの数学者ジョージ・バーコフが五辺国を含む地図の中でも、右の図の形を含む地図であれば、4色で塗り分けられることを証明しました。

ジョージ・バーコフ
（1884〜1944）

しかし、それ以外の地図が4色で塗り分けられることの証明は、ほとんど進みません。爆発的に増えていく分類は、段々と手に負えなくなっていきました。

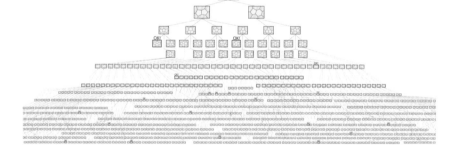

この作業はいつ終わるのか？　いやそもそも本当に終わりはあるのか？　こうして四色問題の証明は、人間には到達できない無謀な挑戦なのだと恐れられるようになっていきました。

五辺国の分類

五辺国を2つに分類できることを示す際には、「**放電法**」★07と呼ばれる非常に面白い手法が用いられます。

放電法は、まず各国に電荷を割り当てます。そして、隣接する国同士で電荷のやり取りを行うのですが、その過程での電荷の増減はないものとします。電荷のやり取りの前後で電荷の総和が不変であることを用いることにより、五辺国を2つに分類できることを示すことができます。

Chapter 6

四色問題の解決

テーマ3 四色問題

　四色問題が生まれて1世紀以上が過ぎた1970年代に、残された五辺国の問題に名乗りを上げたのは、アメリカの数学者ウォルフガング・ハーケンとケネス・アッペルでした。

　なんと、コンピュータで膨大な証明作業に挑んだのです。

　疲れを知らないコンピュータを使い、いわば、しらみつぶしに調べるという方法でした。

ウォルフガング・ハーケン
(1928~2022)

> 私たちはコンピュータを使い、
> 細かく分類を行うことによって
> 証明を進めていきました。
> そのやり方は、まるで森で迷子になった象が
> 1本ずつ木を倒して進んでいくような
> 地道なものでした。

[★07]　グラフ理論の知識が前提となりますので、詳しくは参考資料『曲面上のグラフ理論』をご参照ください。例題5.9とその解として、グラフ理論の言葉で記載されています。

五辺国を含む地図も4色で塗り分けられることを信じて、コンピュータを走らせる日々。1年、そして2年経っても、期待した結果は出ませんでした。

　しかし、計算開始から4年後、遂にコンピュータが証明が完了したと告げます。1482の分類を行い、その1つ1つを調べた結果、五辺国を含むすべての地図を4色で塗り分けることができたとコンピュータははじき出したのです。

　ケンプが始めたOKリレー作戦が完成し、実に124年の時を経て、四色問題は解決されたのです。

四色定理

- -

4色あれば、与えられた地図を、隣り合う地域が
同じ色にならないように塗り分けることができる

- -

　しかし、実はこの証明は批判を浴びてしまいます。

　当時の数学者は、コンピュータによる証明に馴染みがなかったため、「本当に証明できたわけ?」「疑わしい」という声が上がったのです。

　さらに、ひたすら分類を行う証明スタイルは泥臭すぎて、「美しくない」とも言われてしまいました。

　ハーケン博士もさぞかし残念がったことでしょう。

人々は、問題をシンプルな形で解く
「エレガントな証明」（elegant proof）を
期待していました。そのため、
私たちのひたすら分類をしていくという
長ったらしい方法は嫌がられ、
「エレファントな証明」（elephant proof）だと
言われてしまいました。
私たちは象よりは賢かったと思いたいですが、
「エレガントな証明」で美しい法則を
発見していないことは認めます。
ただ、「エレガントな証明」にこそ価値がある
というような考え方は、私に言わせれば
宗教信仰のようなものです。難問を鮮やかに
解くアイデアが突然ひらめくというのは、
神の奇跡がいつか訪れることを
信じるようなものです。

　今ではコンピュータを使う証明も立派な証明方法とされています。しかし一方で、人間が本来持つ知性の底力を見せつけるような「エレガントな証明」が期待されていることもまた事実なのです。

エディターズノート

コンピュータと数学の関係

数学者のヴォエヴォドスキー（1966 - 2017）は、コンピュータによる証明がメインストリームになるだろうと考えていたといいます。
彼は、2010年にWeb上で「証明が長くなることで、人間が自信を持って証明することが難しい時代になってきている。数学は、証明を構成したり、検証したりするために、自動化された道具が使われる時代がやってくるだろう」という旨を述べました。

Chapter 7

編集後記 「四色問題」

テーマ3「四色問題」はいかがでしたでしょうか？

四色問題というテーマは、地図という身近な題材で、主張も「地図が4色で塗り分けられる」というわかりやすいものなので、イメージがつきやすかったと思います。

その証明にはコンピュータという当時の先端技術が活用されるという画期的なものでしたが、一方で批判もありました。

四色問題の証明が美しくないという主張は、東野圭吾氏の著書で映画化もされたガリレオシリーズの1冊『容疑者Xの献身』の中でも数学者、石神哲哉氏が述べており、コンピュータによらない証明に挑戦していました。

四色問題の証明には、Chapter3のサイドノートやエディターズノートで触れたように、グラフ理論の手法が用いられています。実は、地図を平面グラフに置き換えたあと、さらに頂点と面（国や都道府県）を入れ替えた「**双対グラフ**」（つまり、頂点が国や都道府県を表す）と呼ばれるものを考えることで、隣接する頂点が異なる色になるように塗り分ける問題に置き換えることもできます。

双対グラフ（関東）

一般に、グラフ理論では、四色定理といえば、通常「どんな平面グラフ（平面に辺の交差がなく描かれたグラフ）も、辺で結ばれたどの2頂点も異なる色をもつように、頂点全体が4色で色分けできる」を意味します。

グラフ理論には、Chapter0で取り上げた「**ケーニヒスベルクの橋の問題**」や、辺に移動コストを割り当てた上ですべての頂点をちょうど1度ずつ通り出発点に戻る場合の最小コストを求める「**巡回セールスマン問題**」（「NP完全問題」の1つ）など、非常に面白い問題がいくつもありますので、次の参考資料等を参考にグラフ理論の世界を覗いてみることもおすすめです。

番組制作班おすすめ「四色問題」の参考資料

●一松信 著『四色問題 どう解かれ何をもたらしたのか』講談社

●R.ウィルソン 著、茂木健一郎 訳『四色問題』新潮社

●N.L.ビッグス・E.K.ロイド・R.J.ウィルソン 共著、一松信・秋山仁・恵羅博 訳『グラフ理論への道』地人書館

●瀬山士郎 著『点と線の数学 ～グラフ理論と4色問題～』技術評論社

●中本敦浩・小関健太 共著『曲面上のグラフ理論』サイエンス社

テーマ3 四色問題

監修：NHK「笑わない数学」制作班
　　　中本敦浩（横浜国立大学環境情報研究院教授）
ライター：onewan

フェルマーの最終定理

Fermat's last theorem

▰▰ Chapter 0 ▰▰
フェルマーの小定理

　このテーマ4では、「**フェルマーの最終定理**」を証明することに挑戦した数学者のお話と、解決へと至るまでの流れを紹介していきます。

　それらを紹介する一般向けの書籍として有名なものには、サイモン・シン（Simon Singh）著の『フェルマーの最終定理』があります。本書では、フェルマーの最終定理を解決する肝となった「**志村―谷山予想**」がどのようなものかを、一般向けに、イメージができるような平易な言葉で解説しておりますので、ご期待ください。

　さて、このChapter 0ではフェルマーによる、最終定理以外の定理を1つ紹介したいと思います。

　フェルマーの最終定理は、別名「**フェルマーの大定理**」とも呼ばれます。実はフェルマーの大定理に対して、「**フェルマーの小定理**」と呼ばれる有名な定理があります。

　フェルマーの小定理を、のちほどChapter 5で紹介する「**合同式**」を用いずに平易な言葉で述べると、以下のような主張になります。

フェルマーの小定理

pを素数、aをpの倍数でない正の整数とすると
a^{p-1}をpで割った余りは1になる

フェルマーの小定理が成り立つことを具体的な数字でみていきましょう。

ここでは$p=3$を考えてみます。

aは3の倍数でない正の整数であれば良いので、$a=1$、2、4、5、7、8、10、…とすることができます。

そして、$a^{p-1}=a^2$なので、a^2を計算すると次のようになります。

$1^2=1$、$2^2=4$、$4^2=16$、$5^2=25$、$7^2=49$、$8^2=64$、$10^2=100$、…

これらを3で割ってみましょう。

$1÷3=0$ 余り1、 $4÷3=1$ 余り1、 $16÷3=5$ 余り1、

$25÷3=8$ 余り1、 $49÷3=16$ 余り1、

$64÷3=21$ 余り1、 $100÷3=33$ 余り1、…

実際に余りが1になっていることがわかりますね。

このことを証明してみましょう。

aは3の倍数でない正の整数なので、nを0以上の整数として、aを$a=3n+1$、$3n+2$ の2種類に分けることができて、以下のように$p=3$の場合に$a^{p-1}=a^2$を3で割った余りは常に1であることがわかります。

$a=3n+1$のとき $a^2=(3n+1)^2=9n^2+6n+1=3(3n^2+2n)+1$

$a=3n+2$のとき $a^2=(3n+2)^2=9n^2+12n+4=3(3n^2+4n+1)+1$

このように、$p=3$でフェルマーの小定理が成立することは示せました。

一般の素数pに対しての証明は、テーマ3「四色問題」で紹介した「**数学的帰納法**」を用いて示すことができますので、ご興味のある方は証明にチャレンジしてみてください。

それでは、次のChapterから「**フェルマーの最終定理**」について説明していきます。

Chapter 1
フェルマーの最終定理とは？

「**フェルマーの最終定理**」とは、フランスの数学者ピエール・ド・フェルマー[★01]が残した数学史上最大のミステリーとも呼ばれた難問です。

ピエール・ド・フェルマー
（1607〜1665）

なぜミステリーと呼ばれたのか？　実はフェルマーはこの問題を自ら証明したと書き記しているのですが、どこを探してもその証明が見つからなかったからなのです。

その後、数々の数学者がフェルマーの最終定理の証明に挑んでは敗れ去り、結局350年経って、ようやく証明にたどり着いたという難問なのです。

この難問、問題自体を理解するのは意外と簡単です。まずは次の問題を考えてみてください。

問題
$x^2 + y^2 = z^2$ を満たす x、y、z の組は存在するか？
（ただし、x、y、z は自然数とする）

この問題は中学校で習うかと思います。たとえば、$x＝3$、$y＝4$、$z＝5$であればこの式を満たしますよね。

[★01]　フェルマーの職業は役人であり、裁判官でした。数学は趣味で行っていたといいます。

$$3^2 + 4^2 = 5^2$$

他にもこの式を満たす x、y、z の組はたくさんあります。

$$5^2 + 12^2 = 13^2、\quad 8^2 + 15^2 = 17^2、$$
$$7^2 + 24^2 = 25^2、\quad 20^2 + 21^2 = 29^2、\cdots\cdots$$

エディターズノート

原始ピタゴラス数

$x^2 + y^2 = z^2$ の解となるような、最大公約数が1となる自然数の組 x、y、z は以下で表され、またそれに限る。

$$x = m^2 - n^2、\quad y = 2mn、\quad z = m^2 + n^2$$

または

$$x = 2mn、\quad y = m^2 - n^2、\quad z = m^2 + n^2$$

ただし、$m > n$、m と n は互いに素な自然数[★02]

このような組 x、y、z を「**原始ピタゴラス数**」という。

テーマ4 フェルマーの最終定理

それでは、もし、ここで「**指数**」（文字の肩の数）が2ではなく3だったらどうでしょうか？

問題

$x^3 + y^3 = z^3$ **を満たす x、y、z の組は存在するか？**
（ただし、x、y、z は自然数とする）

ちょっと考えてみましょう。1から9を3乗した数を表にしてみましたので、次ページの表を参考に z に入る自然数を探してみます。

[★02] m と n が「**互いに素**」とは、m と n の最大公約数が1であることです。

a	1	2	3	4	5	6	7	8	9
a^3	1	8	27	64	125	216	343	512	729

$$1^3 + 1^3 = z^3 \qquad 3^3 + 4^3 = z^3 \qquad 6^3 + 8^3 = z^3$$

これらの左辺を計算すると次のようになります。

$$1^3 + 1^3 = 2 \qquad 3^3 + 4^3 = 91 \qquad 6^3 + 8^3 = 728$$

728は9の3乗である729と1つ違いと惜しいですが、2、91、728のいずれも自然数の3乗ではありません。

$x^3 + y^3 = z^3$ を満たすx、y、zの組はないのかもしれません。

そろそろ皆さんもわかってきたのではないでしょうか?
フェルマーはこう言いました。

$$x^n + y^n = z^n$$
nが3以上の自然数の場合、この式を満たす
x、y、zの組は存在しない
(ただし、x、y、zは自然数とする)

つまり、指数nが3でも4でも100でも1000でも10000でも、$x^n + y^n = z^n$ を満たすx、y、zは絶対に無いということなのです。
フェルマーのこの主張が本当に正しいのかどうか、それを証明しなさいというのが「**フェルマーの最終定理**」なのです。

フェルマーの最終定理

$$x^n + y^n = z^n$$

nが3以上の自然数の場合、この式を満たすx、y、zの組は存在しない（ただし、x、y、zは自然数とする）

Chapter 2

フェルマーの最終定理の誕生

　フランスのパリから500kmほど離れた田舎町ボーモン・ド・ロマーニュで1607年にフェルマーは生まれました。

　この頃は、ヨハネス・ケプラー、ガリレオ・ガリレイ、アイザック・ニュートンという科学者が活躍し、ヨーロッパを中心に近代的な科学が発展した時代でした。

　その中でもフェルマーは、確率論や幾何学など当時最先端の研究を行い、数学界をリードする存在でした。

　そんなフェルマーが30歳のころ、持っていた本の余白にこんなメモを書き残します。

2乗よりも大きいべきの数を
同じべきの2つの数の和で表すことは
不可能である

★03
フェルマーのメモ（イメージ）

　これを現代風に書き直したものが、左ページの「フェルマーの最終定理」です。

テーマ4　フェルマーの最終定理

[★03]　フェルマーが書き込んだ原本は失なわれているため、京都大学理学研究科数学・数理解析専攻数学教室図書室所蔵のディオファントスの『算術』に手書きメモ風のメモを合成。

ところがフェルマーは続けて次のようにメモを書き足しました。

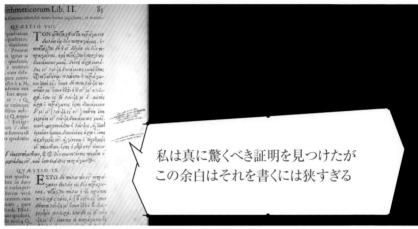

フェルマーのメモ（イメージ）

　なんとフェルマーは先ほどのメモの主張が正しいことの証明をどこにも残さないまま、この世を去ってしまったのです。

　これがその後350年に渡って、数学者たちを悩ませ続けることになるフェルマーの最終定理の誕生でした。

エディターズノート

最終定理と呼ばれる理由

ローマ帝国時代の数学者ディオファントスは、代数の問題130問とその解を記した書籍『算術』を残し、後世の数学者たちに影響を与えました。ギリシャ語で書かれた『算術』はイタリアに持ち込まれたのち、ラテン語に訳されました。

そして、フェルマーの時代には、バシェにより出版されたギリシャ語の原文とラテン語が併記された『算術』を読み、余白にメモを書くことが、ヨーロッパで流行していました。

フェルマーは、手に入れたバシェが出版した『算術』の余白に48個の書き込みを行いました。そのうち、47個までは正否が確認され、最後に1つだけ残ったものが「**フェルマーの最終定理**」と呼ばれるようになったのです。

Chapter 3

天才女性数学者
ソフィ・ジェルマン

　余白が足りないのであれば、フェルマーは別の紙を用意して証明を書けば良かったのではないか、という指摘が読者のみなさんからも聞こえてきそうですが、いずれにしても、フェルマーの最終定理は本当に正しいのかどうか、大きな謎が残されたわけです。

　その謎を解こうとその後、たくさんの数学者たちが証明に挑みます。

レオンハルト・オイラー
(1707〜1783)

　大きな成果を上げたのは、レオンハルト・オイラーです（テーマ1にも登場）。数学史上、類をみないほどの天才オイラーであれば、フェルマーの最終定理を解決できるのではと期待してしまいますよね？

　ご期待のとおり、オイラーは指数 n が3の場合について解決してくれました。指数 n が3の場合だけかと思われるかもしれませんが、それでも十分にすごいことなのです!!

　とにかく、あのオイラーでも指数 n が3の場合だけしか解決できなかったということは、この問題がめちゃくちゃ難しいということがわかっていただけるのではないでしょうか。^{★04}

[★04]　n が4の場合については、フェルマー自身が証明しています。詳しくは、p108のエディターズノートをご覧ください。

オイラー予想

オイラー自身もフェルマーの最終定理から着想された「**オイラー予想**」というものを残しています。

オイラー予想

自然数のn乗の$n-1$個の和が、ある1つの自然数のn乗の数と等しくなることはない

ところが、このオイラー予想は成立しないことが後に示されています。$n = 3$、4、5の場合は以下のような式になります

$$x^3 + y^3 = z^3$$
$$x^4 + y^4 + z^4 = w^4$$
$$x^5 + y^5 + z^5 + w^5 = v^5$$

$n = 3$の場合は、フェルマーの最終定理の$n = 3$の場合と一致し、解は存在しないので、オイラー予想は成立します。

一方で、$n = 4$、5の場合は、以下の反例が発見されていますので、オイラー予想は成立しません。

$$2682440^4 + 15365639^4 + 18796760^4 = 20615673^4$$
$$27^5 + 84^5 + 110^5 + 133^5 = 144^5$$

このように、1つでも反例が見つかれば、ただちに予想が間違いであることを示すことができます。逆にいうと、反例が見つかったオイラー予想に比べて、反例が見つからなかったフェルマーの最終定理は、非常に面白い問題だったのです。

フェルマーの最終定理を証明するためには、$x^n + y^n = z^n$の指数nが10でも10000でも1億でも、3以上のすべての自然数で正しいと証明しなければなりません。

　指数nが3以上のすべての自然数で正しいと証明しなければならないということは、1つ1つしらみつぶしに当たっていったら、永遠に終わらないということです。

　そこで、1つ1つの自然数をしらみつぶしに当たるのではなくて、ある程度まとめて解決しようという数学者が登場しました。
　その数学者は、ソフィ・ジェルマンという当時非常に珍しい女性数学者でした。

ソフィ・ジェルマン
（1776～1831）

　ジェルマンは、フランスのパリにある裕福な家庭に生まれ、幼い頃から大の数学好きでした。しかし、当時のフランスでは、女性が数学を学ぶことは、社会的に受け入れられていませんでした。ジェルマンの両親は、娘が数学を学ぶことを止めようとしましたが、ジェルマンはそれを押し切って独学で数学を学び続けたといいます。

　ジェルマンが18歳のとき、理系のエリートを養成するための理工科学校が創設されました。しかし、入学を許されるのは男性だけでした。そこでジェルマンは男性の名前ムッシュ・ル・ブランを名乗って生徒として潜り込み、数学を学んだのです。

　ジェルマンの才能はその後、数学者の王とも呼ばれたガウス（テーマ1にも登場）も認めるところとなります。

　自らを男性と偽りつつ、研究結果をガウスに送って意見交換をするようになりました。そして1804年、ジェルマンはフェルマーの最終定理に迫る1つの成果にたどり着き、論考をゆだねたいという手紙をガウスに送りました。

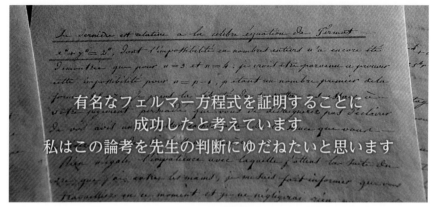

有名なフェルマー方程式を証明することに
成功したと考えています
私はこの論考を先生の判断にゆだねたいと思います

ジェルマンの手紙

　ジェルマンが取った戦略は、それまでには無かった斬新なものでした。$x^n + y^n = z^n$ の指数 n に入る数を1つ1つ確かめていくのではなく、たくさんの自然数について一気に証明する方法を考え出したのです。

　そのたくさんの自然数とは、素数のうち2倍して1を足したものがまた素数になるものです。3以上の素数について、いくつか具体例を考えてみましょう。

　たとえば、5の場合は2倍して1を足すと11となり、これも素数となります。

　一方、7の場合は2倍して1を足すと15となり、これは素数ではありません。

　他には、11の場合は2倍して1を足すと23となり、これは素数となります。

　31までの素数を考えると、以下の表のようになります。

n	3	5	7	11	13	17	19	23	29	31	⋯
$2n+1$	7	11	15	23	27	35	39	47	59	63	⋯
$2n+1$ も素数?	○	○	×	○	×	×	×	○	○	×	⋯

　ジェルマンは n が5、11、23、29など[★05]、素数のうち2倍して1を足したものがまた素数になるもの（このような素数を「**ソフィ・ジェルマン素数**」と呼びます）であれば、n が積 xyz の約数でないという条件の下でフェルマーの最終定理が成り立つことを示したのです。

[★05]　$n = 3$ については、前述のとおりオイラーが解決済みなので、条件を満たしますが3が省かれています。

このようにジェルマンは、たくさんの指数nについて一気に証明する方法を考え出しました。しかし、彼女は女性であることを理由に、論文で発表することは認められなかったといいます。

　ジェルマンが30歳のときに自分が女性であることをガウスに打ち明けた手紙には、女性数学者としての生きにくさが綴（つづ）られていました。

私は女性だということだけで受ける差別を恐れ、
名前を偽（いつわ）って先生に手紙を送っていました。
私が女性だと知った後もどうか変わらぬ交流を
続けて頂ければと願っています。

　ガウスはこう返信しました。

カール・フリードリヒ・ガウス
（1777～1855）

女性が数学の道を歩むことは
男性よりもはるかに障害が多いと想像します。
それを乗り越え、数学という難解な世界に
足を踏み入れているあなたは、崇高（すうこう）な勇気と
優れた才能をもっているに違いありません。

　ガウスはジェルマンに自分が所属するゲッチンゲン大学の名誉学位を授けようと動きました。しかし、ジェルマンはその直前の1831年に55歳でこの世を去りました。

　ジェルマンは、女性だからという理由だけで正当に評価されませんでした。しかし、そんな逆境にもめげず偉業を成し遂げたジェルマンは本当に素晴らしいです。

$n = 4$ の場合の証明

実は、$n = 4$ の場合の証明は、フェルマー自身がバシェが出版した『算術』の余白に書き込んだ48個のメモの45番目に書き込まれていました。
この証明は、比較的簡単に行えますので、以下に示します。
まず、主張は以下のようになります。

$$x^4 + y^4 = z^4$$
を満たす x、y、z の組は存在しない
（ただし、x、y、z は自然数とする）

$\boxed{\text{Proof}}$ $n = 4$ の場合に解が存在するのであれば、その解 x、y、z を用いて X、Y、Z を $X = x$、$Y = y$、$Z = z^2$ と考えてやると、

$$x^4 + y^4 = X^4 + Y^4$$
$$z^4 = Z^2$$

となるので、$X^4 + Y^4 = Z^2$ にも解が存在することになる。
要するに、「$n = 4$ の場合に解が存在するならば、
$X^4 + Y^4 = Z^2$ にも解が存在する」ということである。
ここで、「A ならば B」と「B でなければ A でない」（「A ならば B」の「**対偶**」）は同じ意味になる、このことを上記に適用すると、
「$X^4 + Y^4 = Z^2$ に解が存在しないならば、$n = 4$ の場合に解が存在しない」ということになる。
つまり、「$X^4 + Y^4 = Z^2$ に解が存在しない」ことを示せば、
「$n = 4$ の場合に解が存在しない」ことを証明したことになる。
そこで、$X^4 + Y^4 = Z^2$ ……① に解が存在する、と仮定し矛盾を導く。
いま、X、Y、Z は自然数の組なので、Z を最小とするような組み合わせが存在し、それを r、s、t とする。

$$r^4 + s^4 = t^2 \quad \text{……①}'$$

ここで、r、s、t の最大公約数を d とおくと、$d = 1$ である。
なぜなら、$d > 1$ と仮定し、$r = r_1 d$、$s = s_1 d$、$t = t_1 d$（ただし、

r_1、s_1、t_1は自然数で、r_1、s_1、t_1の最大公約数は1とする）を①′に代入すると$d^4(r_1{}^4 + s_1{}^4) = t_1{}^2 d^2$となり、両辺を$d^4$で割ると$r_1{}^4 + s_1{}^4 = \left(\dfrac{t_1}{d}\right)^2$となる。左辺は自然数であるから$\left(\dfrac{t_1}{d}\right)^2$も自然数であり、$\dfrac{t_1}{d}$も自然数である。

よって、r_1、s_1、$\dfrac{t_1}{d}$の自然数の組も①を満たし、tが①を満たす自然数で最小であることに矛盾するため、$d=1$であることがわかる。

ここで、$a = r^2$、$b = s^2$とおくと、①′より$a^2 + b^2 = t^2$となる。r、s、tの最大公約数は1なので、a、b、tの最大公約数も1である。

つまり、a、b、tは原始ピタゴラス数（p.99）であり、aを奇数とすると、以下を満たす自然数m、nがある。

$$a = m^2 - n^2、b = 2mn、t = m^2 + n^2 \quad ②$$
$$\text{ただし、} m > n、m と n は互いに素な自然数$$

②の$a = m^2 - n^2$に$a = r^2$を代入して移項すると、$r^2 + n^2 = m^2$となる。

ここで、mとnは互いに素なので、r、n、mの最大公約数は1である。

つまり、r、n、mも原始ピタゴラス数であり、$a = r^2$よりrは奇数なので、以下を満たす自然数p、qがある。

$$r = p^2 - q^2、n = 2pq、m = p^2 + q^2 \quad ③$$
$$\text{ただし、} p > q、p と q は互いに素な自然数$$

ここで、m、p、qはどの2つも互いに素である。なぜなら、もしそうではなかったとすると、pとqは互いに素であることより、m、pの公約数d、もしくはm、qの公約数dが$d > 1$となるが、dの素因数のひとつをd'とすると$m = p^2 + q^2$であることより、p、qも公約数d'をもつことになり、pとqは互いに素であることに反して矛盾する。

つまり、m、p、qはどの2つも互いに素である。

いままでの式から、$s^2 = b = 2mn = 4mpq$である。左辺が2乗数であり、m、p、qはどの2つも互いに素であることから、

m、*p*、*q*は、それぞれが2乗数である。

つまり、以下のようにおける。

$$m = e^2、\ p = f^2、\ q = g^2$$

ただし、*e*、*f*、*g*はどの2つも互いに素な自然数

ここで、③の右の式にこれらを代入すると以下が得られる。

$$e^2 = f^4 + g^4$$

ただし、*e*、*f*、*g*はどの2つも互いに素な自然数

いま、①を満たす3つの値の組に対して、*t*が最小とするようなものをとったが、②より$t = m^2 + n^2$なので、$e < e^4 = m^2 = t - n^2 < t$となり、*e*が*t*よりも小さい値としてとれてしまうため、矛盾する。

よって、最初に仮定した「$X^4 + Y^4 = Z^2$に解が存在する」ということは正しくない、つまり、「$X^4 + Y^4 = Z^2$に解は存在しない」ことがいえる。 **Q.E.D.**

フェルマーが*n* = 4の場合の証明を行っていたことで、あとはすべての奇素数*p*について定理が成り立つことを示せば、3以上の自然数について成立することになるということがわかっていました。

そのため、オイラーは*p* = 3について、ジェルマンはソフィ・ジェルマン素数について証明を行ったのです。

Chapter 4

予想外の突破口

さて、フェルマーの最終定理の証明への道はジェルマン以降もある程度の前
進はみられました。

エディターズノート

ジェルマン以降の前進（クンマーの仕事）

ここでのお話は、概要のみをちょー簡単に説明します。より正確な内容
は参考文献などをご覧ください。

エルンスト・クンマーは、素数pに対して1
の原始p乗根$\zeta_p = e^{\frac{2\pi i}{p}}$をとり、有理数と$\zeta_p$
の有限回の四則演算でできるすべての数で構
成されたものである「**円分体**」$\mathbb{Q}(\zeta_p)$において、
ζ_pと整数でつくられる複素数を考えました。
ここで、ζ_pはp乗すると1になる複素数です。
つまり、$\zeta_p{}^p = \left(e^{\frac{2\pi i}{p}}\right)^p = 1$となります。$\zeta_p$の

エルンスト・クンマー
(1810〜1893)

一例として、$p = 3$のとき$\zeta_3 = e^{\frac{2\pi i}{3}} = \dfrac{-1 + \sqrt{3}\,i}{2}$があります。$\zeta_3$を複
素数平面上に表すと、次のようになります。

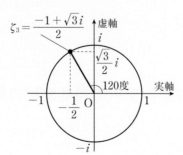

テーマ4 フェルマーの最終定理

クンマーは、$x^p + y^p = z^p$ を円分体 $\mathbb{Q}(\zeta_p)$ 上で分解した
$(x+y)(x+\zeta_p y)\cdots(x+\zeta_p^{p-1}y) = z^p$ の左辺が一意な（ただ一通りの）
素因数分解を与えていないことを発見しました。そして、素因数分解の
一意性を満たす「**理想数**」という概念を導き出しました。後に理想数は
「**イデアル**」という概念に発展することになります。

円分体 $\mathbb{Q}(\zeta_p)$ のイデアルの全体が、整数全体の何倍の規模であるかを表
す整数を円分体 $\mathbb{Q}(\zeta_p)$ の「**類数**」と呼びます。円分体 $\mathbb{Q}(\zeta_p)$ の類数が p
で割りきれない素数である場合、その素数を「**正則素数**」というのです
が、クンマーはこの正則素数の場合に、フェルマーの最終定理を証明す
ることに成功しました。
このように、クンマーもフェルマーの最終定理における議論を n が個別
の場合でなく、一般の場合の議論に広げたのです。

なお、正則素数ではない素数、つまり「円分体 $\mathbb{Q}(\zeta_p)$ の類数が p で割り
きれる素数」のことを「**非正則素数**」といいます。この非正則素数が無
限個あることは知られていますが、実は次の問題は未解決なのです。

未解決問題

正則素数は無限個あるか？

しかし、20世紀に入っても、$x^n + y^n = z^n$ が成立しないことが示されてい
ない指数 n の候補となる整数は、まだまだ無限に残されたまま、ほとんど進ま
なくなりました。あまりの難しさに、多くの数学者は「フェルマーの最終定理
を完全に証明することは不可能だ。もう証明は諦めよう」と考えるようになり
ました。

はい、これでフェルマーの最終定理の話は終わりです。

[★06]　p が23のとき、一意に分解できません。

普通ならそうです。ところが実は、<mark>フェルマーの最終定理とは全然関係のないところで行われていた1つの研究</mark>が、その後、誰も予想しなかった突破口を開くことになるのです。

その研究に取り組んでいたのは2人の若き日本人でした。

1950年代の東京、戦後の焼け野原から数学を志した志村五郎と谷山豊（とよ）の2人の研究テーマは、ものすごく変わっていました。

ざっくり言えば、例えば
$y^2 + y = x^3 - x^2$ のような「**方程式**」[★07]
の問題と、右下のような不思議な絵[★08]がつながっているのではないかという研究です。

志村五郎
(1930〜2019)

谷山豊
(1927〜1958)

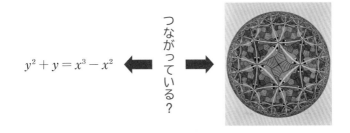

$$y^2 + y = x^3 - x^2 \quad \Longleftrightarrow \quad$$

つながっている？

エディターズノート

楕円曲線

$y^2 + y = x^3 - x^2$ をみたす点 (x, y) 全体は「**楕円曲線**（だえん）」と呼ばれるものの一例です。
楕円曲線は、学問としての数学の世界に留まらず、暗号分野において、高い安全性を提供できるものとして、「**楕円曲線暗号**」に用いられることにより社会に大いに役立っています。

［★07］　未知数を表す文字を含んだ等式のこと。
［★08］　M.C. Escher's "Circle Limit III" ©2023The M.C. Escher Company-The Netherlands.

Chapter 5

時計の世界

志村と谷山の研究を紹介する前に、まずは、$y^2 + y = x^3 - x^2$ という方程式の説明から始めましょう。

問題

$$y^2 + y = x^3 - x^2$$

この式を満たす x、y の組は何個あるか？
（ただし，x、y は 0 以上の整数）

ただし、この問題を解くためのルールは普通とは少し違います。いわば、時計を使って解きなさいというのです。

次の図は、みなさんおなじみの時計です。時計の世界では、0時から始まって、1時、2時と進んでいくと、また0時、1時、2時へと戻りますよね。

時計の世界では、数は0から11までしかないということになります（ここでは12時を0時と呼ぶことにします）。

ちなみに、この世界で足し算をしてみると、9時に4時間を足すと13時ですが、この世界では1時になります。つまり、13時と1時は等しいことになります。

$$9時 + 4時間 = 13時 = 1時$$

同じように、もし3時間の時計の世界があったらどうでしょうか？ この世界には、数は0、1、2しかありません。

1時は変わらず1時ですが、1＋2＝0になり、2を3回足すと普通は6ですが、この世界では2＋2＋2＝0になります。

合同式（ｍｏｄ）

サイドノート

時計の世界は、数学用語では「**合同式（mod）**」で表されます。

合同式では、2以上の自然数nで割った余りに着目して（「*nを法とする*」という）、その余りの等しさを評価します。

たとえば、3を法とすれば、2と5と8は3で割った余りがいずれも2となり等しいので、以下のように表されます。

$$2 \equiv 5 \equiv 8 \,(\text{mod } 3)$$

この世界では、等式の各辺に、この世界で等しい数を足し算、引き算、掛け算しても、等式は保たれることになります。

ここで、改めて先ほどの問題をみていきましょう。0と1と2だけの3時間の時計を使って解くとどうなるか考えてみます。

問題

3時間の時計の世界で次の問題を解きなさい

$$y^2 + y = x^3 - x^2$$

この式を満たすx、yの組は何個あるか？
（ただし、x、yは0以上の整数）

$x = 0$、$y = 0$のとき問題の方程式は

$$0^2 + 0 = 0^3 - 0^2$$

となり成立します。だから、表に○をつけておきましょう。

$x = 0$、$y = 1$のとき問題の方程式は

	$x = 0$	$x = 1$	$x = 2$
$y = 0$	○		
$y = 1$			
$y = 2$			

左辺 $= 1^2 + 1 = 2$

	$x=0$	$x=1$	$x=2$
$y=0$	○		
$y=1$	×		
$y=2$			

$y^2 + y = x^3 - x^2$ を満たすか?

ですが、

右辺 $= 0^3 - 0^2 = 0$

となりますので、成立しません。だから、表に×をつけておきましょう。

$x=0$、$y=2$ のとき問題の方程式は通常の世界では、左辺 $= 2^2 + 2 = 6$ ですが、3時間の時計の世界では6は0のことですので

左辺 $= 0$

となります。そして、

右辺 $= 0^3 - 0^2 = 0$

	$x=0$	$x=1$	$x=2$
$y=0$	○		
$y=1$	×		
$y=2$	○		

となりますので、式は成立します。

このように調べていくと、3時間の時計の世界では、問題の方程式を満たす x、y の組み合わせは、右の表で○がついた計4個ということになります。

	$x=0$	$x=1$	$x=2$
$y=0$	○	○	×
$y=1$	×	×	×
$y=2$	○	○	×

ということで、下の表に4個と記録しておきましょう。

時計の時間	2	3	5	7	11	13	17	19	23	29	31	37	41
解の個数		4											

まったく同じように、2時間の世界や5時間の世界などで、この方程式を満たす x、y の組み合わせの個数を記録していきます。すると、このような表ができあがります。

時計の時間	2	3	5	7	11	13	17	19	23	29	31	37	41
解の個数	4	4	4	9	10	9	19	19	24	29	24	34	49

この段階では、この表の何が面白いのだろうか、という疑問をお持ちになるかもしれません。しかし、この表がフェルマーの最終定理につながりますので、もう少しだけ我慢してください。

さて先ほどは、志村と谷山は$y^2 + y = x^3 - x^2$のような方程式の問題と、右のような不思議な絵が、いわばつながっているのではないかという研究をしていたと書きました。

それでは、今度はこちらの不思議な絵を見ていきましょう。

Chapter 6

不思議な絵の世界

この不思議な絵を描いたのは、だまし絵で有名なオランダの画家マウリッツ・エッシャーです。色とりどりの魚がびっしりと敷き詰められていますが、円の端に近づくにつれて魚が小さくなり、どこまでも続いていくように見えます。

マウリッツ・エッシャー
（1898〜1972）

テーマ4 フェルマーの
最終定理

エッシャーの絵（円の端に近づくと魚が小さくなる）

実はこうした絵の特徴は、次のような数式がもつ特徴とそっくりだといいます。

$$f(q) = q \prod_{n=1}^{\infty} (1 - q^n)^2 (1 - q^{11n})^2$$

前ページの数式[★09]をグラフで表すと、次のようになります。

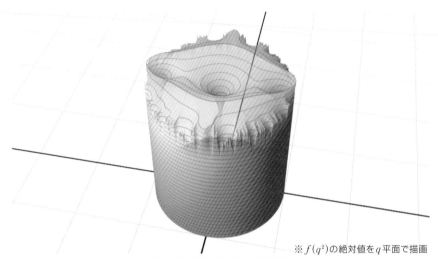

※ $f(q^2)$の絶対値をq平面で描画

エッシャーの絵に関係する数式の立体グラフ

これを上から見ると、エッシャーの絵の特徴と似ていると思いませんか?[★10]

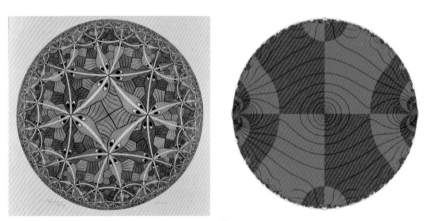

エッシャーの絵とグラフ

[★10] 実はきれいに一致しているわけではなく、メビウス変換に関する対称性をもつという点で共通しています。詳細は専門書をご参照ください。

それでは、このエッシャーの絵に関係する数式が先ほどの方程式の問題とどうつながっているというのでしょうか？　あと一歩なので付いてきてください。

エッシャーの絵に関係する数式を詳しく書くと、次のようになります。

$$f(q) = q \prod_{n=1}^{\infty} (1-q^n)^2 (1-q^{11n})^2$$
$$= q - 2q^2 - q^3 + 2q^4 + q^5 + 2q^6 - 2q^7 - 2q^9 - 2q^{10} + q^{11} - 2q^{12} + 4q^{13}$$
$$+ 4q^{14} - q^{15} - 4q^{16} - 2q^{17} + 4q^{18} + 2q^{20} + 2q^{21} - 2q^{22} - q^{23} - 4q^{25} - 8q^{26}$$
$$+ 5q^{27} - 4q^{28} + 2q^{30} + 7q^{31} + 8q^{32} - q^{33} + 4q^{34} - 2q^{35} - 4q^{36} + 3q^{37} - 4q^{39}$$
$$- 8q^{41} - 4q^{42} - 6q^{43} + 2q^{44} - 2q^{45} + 2q^{46} + 8q^{47} + 4q^{48} - 3q^{49} + 8q^{50} + \cdots$$

この数式を基に志村と谷山は、以下の表を埋めていきました。

指数	2	3	5	7	11	13	17	19	23	29	31	37	41
指数－係数													

　下の段には各項のqの肩の数（「**指数**」）から、前の数（「**係数**」）を引き算した数を記入します。

　指数が2の項の係数は-2なので、$2-(-2)=4$となります。その数を表に記入します。

指数	2	3	5	7	11	13	17	19	23	29	31	37	41
指数－係数	4												

指数が3の項の係数は-1なので、$3-(-1)=4$となります。

指数	2	3	5	7	11	13	17	19	23	29	31	37	41
指数－係数	4	4											

こんな感じで表を埋めていくと、次のようになります。

指数	2	3	5	7	11	13	17	19	23	29	31	37	41
指数－係数	4	4	4	9	10	9	19	19	24	29	24	34	49

（指数が19など式に含まれていないものは係数は0として考える）

　不思議なことに、ここで示したエッシャーの絵に関係する数式に関する表と、時計を使った計算で作った表（p.116）がなぜか全く同じになっているのです。

119

時計を使って解く数式
$y^2 + y = x^3 - x^2$

エッシャーの絵に関係する数式
$f = q \prod_{n=1}^{\infty} (1-q^n)^2 (1-q^{11n})^2$

2	3	5	7	11	13	17	19	23	29	31	37	41
4	4	4	9	10	9	19	19	24	29	24	34	49

2	3	5	7	11	13	17	19	23	29	31	37	41
4	4	4	9	10	9	19	19	24	29	24	34	49

2つの表の比較

　志村と谷山が気付いたこと、それはざっくりいえば、さまざまな方程式の問題と、エッシャーの絵に関係する数式に、ひょっとしたら深いつながりがあるのではないかということだったのです。難しかったでしょうか?

　いずれにしても、2人の日本人がフェルマーの最終定理と全然関係ないところで、「志村一谷山予想[★11]」と呼ばれる問題を世に送り出したということだけ覚えておいてください。

志村一谷山予想
すべての楕円曲線はモジュラーである

[★11]　さまざまな経緯から、「谷山 － ヴェイユ予想」、「谷山―志村予想」、「谷山―志村―ヴェイユ予想」ともいう。2001年に完全に証明されたので、いまでは「**モジュラリティ定理**」とも呼ばれる。

楕円曲線とモジュラー

楕円曲線やモジュラー形式の定義を述べるのは簡単ではないので、正しい定義は、参考文献などをご参照ください。

楕円曲線は、数学の「代数幾何学」という分野で用いられます。典型的な楕円曲線は $y^2 = x^3 + ax + b$ という方程式で表されます。この式を満たす点 (x, y) 全体が、尖った部分や自己交差をもたない曲線となるときに、「**楕円曲線**」と呼ばれます。

「**モジュラー形式**」は、数学の「解析学（特に調和解析学）」という分野で用いられるもので、周期的に値が定まる関数であって、高度な周期性（高い対称性）をもつものであると考えてください。

この全く別の数学分野で発展してきた異なる2つの理論が数論において結びつく（同じものである）という驚くべき予想が「**志村─谷山予想**」です。

ラングランズ予想

志村─谷山予想のように、異なる数学分野をつなげようという試みは、非常に興味深いものです。
カナダの数学者ロバート・ラングランズは、数学における様々な分野（大きくは「代数学」、「幾何学」、「解析学」の3つ）をつなぐ架け橋として、1960年代から「**ラングランズ予想**」を提唱しています。志村─谷山予想も、より広範にはラングランズ予想の一部となります。

ロバート・ラングランズ
（プリンストン高等研究所教授）

詳しくは、参考文献にも挙げた『数学の大統一に挑む』などを参照してください。

テーマ4 フェルマーの最終定理

121

志村と谷山の気付きは本当に不思議です。なぜなら、$y^2 + y = x^3 - x^2$ のような方程式の問題は、エッシャーの絵に関係する数式とは全然関係ないと考えられていたのに、志村と谷山がそこに深い関係を発見したのですから。

　この発見を何かに例えるなら、ピラミッドで発見された壁画と全く同じものが、なぜかシベリアの永久凍土の地下からも発見されたような驚き、そんな感じです。

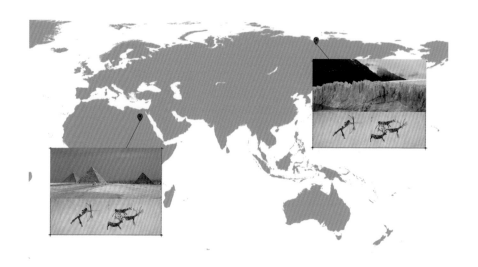

　しかし、そのくらいの驚きだったので、志村―谷山予想が本当に正しいのかどうかについては、欧米の数学者たちはみんな半信半疑だったそうです。

　そして、残念ながら志村と谷山は自分たちの予想の正しさを証明することまではできませんでした。志村―谷山予想は未解決のまま残されることになったのです。

Chapter 7

フェルマーの最終定理の解決

ところが、1986年これまためちゃくちゃ意外なことが発見されたのです。

志村と谷山はフェルマーの最終定理とは全然関係のないところで研究していたと書きました。

しかし、なんと証明されないまま残っていた志村―谷山予想が、フェルマーの最終定理と結びつくことが、アメリカのケン・リベット博士とイギリスのゲルハルト・フライ博士によって発見されたのです。

ゲルハルト・フライ
（デュースブルク＝
エッセン大学教授）

この2人の発見により、志村―谷山予想が正しいと証明できれば、フェルマーの最終定理もまた正しいことが証明できるという事実が明らかになったのです。

ケン・リベット
（カリフォルニア大学
バークレー校教授）

> それはとんでもないアイデアでした。
> 数学者は誰もがインパクトのある成果を
> 残したいと願って研究していますが、
> まさに私の死後も人々が忘れられないような
> 発見をすることができたのです。

テーマ4　フェルマーの最終定理

フライ・セールの ε 予想

リベットは次の予想を証明しました。

フライ・セールの ε 予想(リベットの定理)
(イプシロン)

フェルマーの最終定理の反例となる自然数の組 (a, b, c, p) に対して、フライ曲線と呼ばれる $y^2 = x(x - a^p)(x + b^p)$ という楕円曲線はモジュラーではない。(ただし、p は5以上の素数とする)

要するに、フェルマーの最終定理が間違いなら、ある楕円曲線(フライ曲線)がモジュラーではないことになるということです。

また前述のとおり、ある楕円曲線がモジュラーではないということは、志村—谷山予想が間違いであることになります。

したがって、フェルマーの最終定理が間違いならば、志村—谷山予想が間違いであることになります。

この論理の対偶をとると、志村—谷山予想が正しければ、フェルマーの最終定理が正しいという論理になるのです。

さらにいうと、志村—谷山予想の方がフェルマーの最終定理よりも一般性の高い主張をしているということです。

そして、イギリス人数学者のアンドリュー・ワイルズ博士が志村—谷山予想の証明に乗り出します。幼い頃から、フェルマーの最終定理を解くことを夢見てきた数学者です。

しかし、志村—谷山予想は、どこから手をつければよいかわからないほどの超難問でした。

ワイルズ博士は、そのときの苦しい胸の内をこう例えています。

アンドリュー・ワイルズ
（オックスフォード大学
教授）

それは暗闇の中を手探りで
部屋の様子を確かめるような作業でした。
半年ほどたつと電灯のスイッチが見つかり、
明るくなるとようやく部屋の様子がはっきりと
わかります。そうなったら、
また次の真っ暗な部屋に移って、
さらに半年を手探りで過ごす。
その繰り返しでした。

サイモン・シン著、青木薫訳『フェルマーの最終定理』（新潮社）より

そして1995年、ついにワイルズ博士はリチャード・テイラー博士と共に証明を完成させたのです。

フェルマーの最終定理の証明には、志村―谷山予想の一部を証明すれば十分でしたが、それでも論文は130ページにも及びました。

リチャード・テイラー
（プリストン大学教授）

フェルマーの最終定理の誕生からおよそ350年。数学史上最大のミステリーは解決したのです。

フェルマーの最終定理（ワイルズの定理）

$$x^n + y^n = z^n$$

nが3以上の自然数の場合、この式を満たすx, y, zの組は存在しない（ただし、x, y, zは自然数とする）

こんなにも長い間多くの数学者を悩ませた難問は、他にはなかなかありません。でも元はといえば、あのフェルマーが

> 私は真に驚くべき証明を見つけたが、
> この余白はそれを書くには狭過ぎる

なんていう無責任な文章を残したから、こんな面倒なことになったわけです。

フェルマー自身は、本当に証明方法を見つけていたのか、今となっては誰にもわからないことです。

フィールズ賞

| サイドノート |

ワイルズ博士は、フェルマーの最終定理を証明した成果をもって、数学のノーベル賞ともいわれる「**フィールズ賞**」の特別賞を受賞しました。

通常、フィールズ賞は4年に一度開催される受賞式の年の1月1日よりも前に40歳の誕生日を迎えると候補になれないのですが、ワイルズ博士はその研究の重要性から、1998年に45歳で特別賞を受賞することとなったのです。

Chapter 8

編集後記
「フェルマーの最終定理」

　テーマ4「フェルマーの最終定理」はお楽しみいただけたでしょうか？

　ご覧いただいたとおり、フェルマーの最終定理は350年もの間、数学者を悩ませた末、過去に積み上げられた人類の叡智、すなわち数学におけるさまざまな成果をいくつも使うことによって解決されました。

　最後に、Chapter 4の「クンマーの仕事」の中で紹介した非正則素数について、もう少し具体的に説明したいと思います。

　非正則素数は「円分体 $\mathbb{Q}(\zeta_p)$ の類数が p で割りきれる素数」のことですが、100以下の素数 p に対し、円分体 $\mathbb{Q}(\zeta_p)$ の類数、その類数を素数 p で割った余り、および p で割り切れるかどうかを表にまとめると次のページのようになります[★12]。

[★12]　円分体の類数は、オンライン整数列大辞典を参照しています。https://oeis.org/A000927（2023年9月29日閲覧）

p	円分体 $\mathbb{Q}(\zeta_p)$ の類数	類数÷p の余り	割り切れる？
2	1	1	
3	1	1	
5	1	1	
7	1	1	
11	1	1	
13	1	1	
17	1	1	
19	1	1	
23	3	3	
29	8	8	
31	9	9	
37	37	0	○
41	121	39	
43	211	39	
47	695	37	
53	4889	13	
59	41241	0	○
61	76301	51	
67	853513	0	○
71	3882809	32	
73	11957417	17	
79	100146415	48	
83	838216959	42	
87	13379363737	7	
97	411322824001	53	

　この表において、「割り切れる？」という列に○が付いている素数が非正則素数です。つまり100以下の非正則素数は、37、59、67の3つのみとなります。

　100以下の素数だけを見ると、正則素数よりも非正則素数の方が少ないのではないかと推測されますが、Chapter 4にも記したとおり、非正則素数は無限個あることが示されている一方で、正則素数が無限個あるかどうかはわかっていないそうです。

　本当は、楕円曲線とモジュラー形式に関しても紹介したかったのですが、本書で説明するには、定義を正確に述べるだけでも紙面が足りないようですので、

参考文献として記した専門書に委ねたいと思います。

番組制作班おすすめ「フェルマーの最終定理」の参考資料

●サイモン・シン 著、青木薫 訳『フェルマーの最終定理』新潮社

●エドワード・フレンケル 著、青木薫 訳『数学の大統一に挑む』文藝春秋

●I・ジェイムズ 著、蟹江幸博 訳『数学者列伝I オイラーからフォン・ノイマンまで』丸善出版

●I・ジェイムズ 著、蟹江幸博 訳『数学者列伝II オイラーからフォン・ノイマンまで』丸善出版

●雪江明彦 著『整数論1 初等整数論からp進数へ』日本評論社

●N.コブリッツ 著、上田勝／浜畑芳紀 訳『楕円曲線と保型形式』丸善出版

●高瀬正仁 著『クンマー先生のイデアル論─数論の神秘を求めて─』現代数学社

テーマ4 フェルマーの最終定理

監修：NHK「笑わない数学」制作班
　　　小山信也（東洋大学理工学部教授）
ライター：onewan

確率論

probability theory

Chapter 0

確率とはなんだろう

　今回のテーマは「確率論」です。確率という概念には、私達も普段の生活の中でしばしば出会います。

　たとえば、降水確率。天気予報は、明日雨が降る確率を教えてくれます。また、選挙のときには「当選確実」という言葉がテレビで流れますね。これは、当選する確率がほぼ100%だという意味です。

　私達が「運」と呼ぶものも確率の一種かもしれません。クジが当たるかどうかは引くまでわかりませんが、当たる確率は数学的に計算することができます。

　ゲームをする人なら、確率はもっと身近でしょう。サイコロを振って出る目や、麻雀でツモって出る牌は、確率で決まります。RPGで敵と遭遇するかどうかや、攻撃が当たるかどうかは、コンピュータが確率に従って決めています。

　もう少し、数学っぽい話題にしましょう。皆さんは学校の数学の時間に、こんな問題に取り組んだはずです。

> ジョーカーを除く52枚のトランプから1枚引いたとき、それがハートである確率を求めなさい

どうです？　覚えていますか？　ちょっと解いてみましょう。

確率を求めるときは、起こりうるすべてのパターンのうち、求めるパターンが何通りあるか調べればよいのでしたよね。

トランプの数字はA、2、3、…、10、J、Q、Kの13種類。これらがそれぞれ、スペード、ハート、ダイヤ、クラブの4種類ずつあります。

つまり、トランプから1枚引くときに起こりうるすべてのパターンは $13 \times 4 = 52$ 通り。そのうち、ハートのカードを引くパターンは13通り。よってハートを引く確率は、$\dfrac{13}{52} = \dfrac{1}{4}$ です。

確率の問題といえばトランプの他にも、コインを投げたり、サイコロを振ったり、袋から赤色のボールを出したり……と、さまざまなバリエーションがありました。しかしいずれも、同様の考え方で解くことができます。

ところで皆さんは、確率を習ったとき、こんな風に思いませんでしたか？

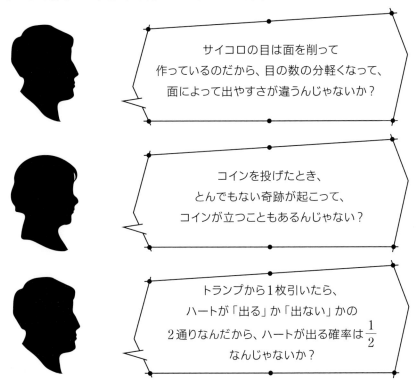

サイコロの目は面を削って
作っているのだから、目の数の分軽くなって、
面によって出やすさが違うんじゃないか？

コインを投げたとき、
とんでもない奇跡が起こって、
コインが立つこともあるんじゃない？

トランプから1枚引いたら、
ハートが「出る」か「出ない」かの
2通りなんだから、ハートが出る確率は $\dfrac{1}{2}$
なんじゃないか？

ものすごい屁理屈のように聞こえますね。しかしこれは、数学的には正当な疑問です！　実際のところ、現実世界の問題を考える上では、このようなことにも注意を払う必要があります。

　では、数学世界では注意しなくてもいいのでしょうか？　いいえ、そんなことはありません。場合によっては、コインが立つ可能性も考慮しなくてはいけません。

　学校のテストでそれを考えなくてよいのは、コインの表が出る確率と裏が出る確率が「同様に確からしい」と仮定しているからです。加えて、コインが立つ確率は、それらに比べ、無視してよいほど小さいと仮定するからです。

　一方、トランプからハートが「出る確率」と「出ない確率」は、同様に確からしくないので、出る確率は $\frac{1}{2}$ にはならないわけですね。だって、ハートのカードよりハート以外のカードの方が多いのですから、ハート以外が出る確率の方が明らかに高いわけです。

　……おや？　いま、何かがおかしいと思いましたか？
　その通り。おかしいと思ったあなたは、正しいです！

　私はいま、「トランプからハートが出る確率」を求めようとしました。そして、「出る確率」と「出ない確率」は同様に確からしくないので、出る確率は $\frac{1}{2}$ ではない、と説明しました。
　ですがこの議論は、これから求めようとする確率を、あらかじめ知っていなければできません。だって、もしかしたら、ハートが「出る確率」と「出ない確率」は、「同様に確からしい」かもしれないのですから！

　数学者たちは、この問題に長いこと悩まされました。「確率っていったいなんなんだ!?」ということが、数学者すらわかっていなかったのです。この問題が解決されたのは20世紀のこと。数学の長い歴史を考えるとつい最近の話です。
　といっても、確率論が生まれたのも最近で、17世紀のことです。数学の多

くの分野が数千年の歴史をもつのに対し、比較的新しい分野といえます。

　数学者たちはこのたった300年ほどの間に、素朴な確率論から始まって、高度に抽象化された「**公理的確率論**」にまで到達。そしてそれを現実世界の問題に応用し、世界を揺るがすほどの強大な力を得るまでになりました。

　確率論がどのように始まり、どう発展したのか。その過程でどのような問題が生まれ、解決されてきたのか。このテーマではそれを見ていきましょう。

確率の求め方

| サイドノート |

「確率」とは、偶然に起こる現象に対し、その現象の起こりやすさを表したものです。

起こりうる現象の1つ1つを「**根元事象**」と呼びます。例えばサイコロを振ったとき、「5の目が出る現象」は根元事象です。

いくつかの根元事象を集めたものを「**（複合）事象**」と呼び、ある事象に含まれる根元事象の数を「**場合の数**」と呼びます。例えばサイコロを振ったとき「偶数の目が出る現象」は複合事象であり、場合の数は「2の目が出る」「4の目が出る」「6の目が出る」の3通りあります。

また、根元事象をすべて集めたものを「**全事象**」と呼びます。サイコロを振ったとき、全事象の場合の数は6通りです。

全事象の場合の数をn通り、事象Xの場合の数をm通りとします。すべての根元事象の起こりやすさが同様に確からしいとき、事象Xが起こる確率$P(X)$は、

$$P(X) = \frac{m}{n}$$

と表されます。

サイコロを1回振ったとき、偶数の目が出る確率Pを求めてみましょう。根元事象は1〜6の目が出る6通りだけで、これらの起こりやすさは同様に確からしいとします。

そして事象「偶数の目が出る」の場合の数は3通りですから、

$$P = \frac{3}{6} = \frac{1}{2}$$

と求まります。

このようにして求める確率のことを、「**数学的確率**」とか「**理論的確率**」と呼びます。

テーマ5 確率論

133

Chapter 1

3つの扉

早速ですが、問題です。

あなたはいま、あるテレビ番組に出演しています。あなたは芸能人かもしれませんし、一般公募されたゲストとして招かれているのかもしれません。

まぁ、そこは重要ではありません。重要なのは、その番組では出演者に豪華賞品を用意しているということです。

しかし、それはただでは貰えません。あなたはあるゲームに挑戦し、それをクリアする必要があります。

それは、次のようなゲームです。

あなたの前に3つの扉（A、B、Cとします）があります。そのうち1つの扉の向こうには賞品の高級車があり、あとの2つはハズレです。あなたが当たりの扉を開ければ車はあなたのもの。しかしハズレの扉を開けると、何も手に入りません。

開けられる扉は1つだけ。あなたは3つの扉の中から、正解の1つを見抜かなければなりません。しかし扉はどれも同じ見た目で、手がかりは全くありません。

車の隠し場所はスタッフがサイコロか何かで決めていて、どの扉を選んでも

正解である確率は $\frac{1}{3}$ です。

　要するに、あなたは3つの扉の中から、勘で正解を選ぶほかないのです。

　仕方なく、あなたは勘でAの扉を選びました。その扉を開けようとしたとき、司会者が待ったをかけます。

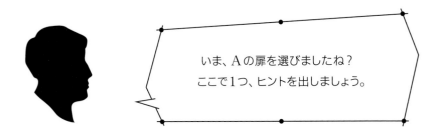

いま、Aの扉を選びましたね？
ここで1つ、ヒントを出しましょう。

　司会者はスタッフ側の人間ですから、正解の扉を知っています。心優しい司会者が、何の手がかりももっていないあなたに、正解に至るヒントをくれるというのです。

　そのヒントとは次のようなものでした。

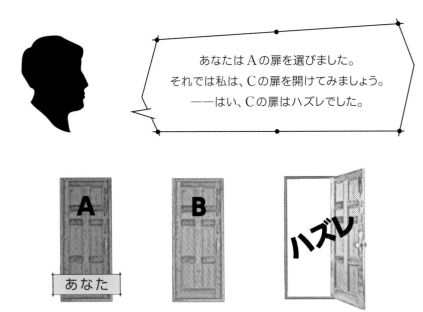

あなたはAの扉を選びました。
それでは私は、Cの扉を開けてみましょう。
――はい、Cの扉はハズレでした。

テーマ5
確率論

A
あなた

B

ハズレ

司会者はこのように、あなたが選ばなかった扉からハズレの扉を開くのです。
そして彼はこう言います。

ここで、あなたにチャンスを与えます。
今なら、扉Aから扉Bに選び直しても
構いません。扉を選び直しますか？

さて、ここで問題。

**車を当てたいあなたは、開ける扉をBに変えた方が有利でしょう
か？　それとも、Aのままにした方が有利でしょうか？**

……え？　残った扉はAとBの2つなのだから、変えても変えなくても変わ
らない？　どちらを選んでも、当たる確率は$\frac{1}{2}$だって？

果たしてそうでしょうか？

　一見簡単そうなこの問題。しかしこの問題が初めて出題されたとき、世界中
の数学者や数学愛好家を巻き込んだ大論争を巻き起こしたのです！

モンティ・ホール問題 | サイドノート |

この3つの扉の問題は、アメリカのテレビ番組「Let's Make a Deal」内で実際
に行われていたゲームを元にしているそうです。そのときの司会者の名前を取り、
この問題は「モンティ・ホール問題」と呼ばれています。

Chapter 2

確率論の始まり

　3つの扉の話をする前に、確率論の歴史について少しお話ししましょう。

　確率論は、まだ見ぬ未来に何が起きうるのかを考え、それをもとに今どうすればよいかを探る、数学の一分野です。

　数学の多くの分野、例えば幾何学や数論といった分野は、その起源を数千年前にみることができます。あまりにも古くて、いつどうやって始まったのか、正確なことがわからないほどです。

　ところが、現代へと続く確率論の始まりは、はっきりとわかっています。それは1654年にフランスで始まった、ある一連の手紙のやり取りだとされています。

　手紙のやり取りをしていたのは、ブレーズ・パスカルとピエール・ド・フェルマー（テーマ4にも登場）の2人。パスカルは「人間は考える葦である」などの格言を残した偉人。フェルマーは「フェルマーの最終定理」で有名なあのフェルマーです。

ブレーズ・パスカル　　　ピエール・ド・フェルマー
（1623～1662）　　　（1607～1665）

　先に手紙を書いたのはパスカル。彼は次のような問題について、フェルマーに相談を持ち掛けました。

テーマ5 確率論

問題

　ある2人が同じ掛け金を出しあって、先に3勝した方が全額をもらえるという賭けをした。しかし、一方が2勝1敗の時点で勝負を中断することになった。このとき、掛け金をどう分配すればよいか？

要は、お互いが納得する形で勝負を止めるにはどうすればよいかという問題でした。

　当時のヨーロッパでは、コインやサイコロを使った賭け事が貴族や金持ちの間で大流行。あまりにも流行っていたので、教会が取り締まったほどでした。そんな中で、パスカルもギャンブルに興味を……もっていたかどうかは定かではありませんが、少なくとも、ギャンブルに関係したこの問題に興味をもちました。

　さてこの問題、仮に、AさんとBさんの2人がコインの表裏を当てるゲームをしていたとしましょう。コインが表ならAさんの勝ちで、裏ならBさんの勝ちというゲームです。
　いま、Aさんが2勝1敗となったとすると、例えばこんな感じになります。

	1回目	2回目	3回目	4回目	5回目
Aさん（表）	○	○	×		
Bさん（裏）	×	×	○		

Aさんが2回勝ち、Bさんが1回勝っている

　ここでゲームを中断し、掛け金を公平に分配したいわけです。
　勝利に近いのはAさんの方ですが、だからといってAさんに掛け金をすべてあげるわけにはいきません。ここからBさんが逆転勝ちする可能性だってあるからです。

　そこでパスカルとフェルマーは、次のように考えました。

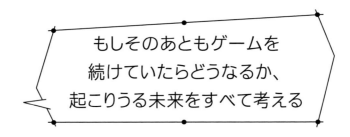

もしそのあともゲームを
続けていたらどうなるか、
起こりうる未来をすべて考える

　つまり、この勝負が続いたとして、どちらがどのくらい勝つ可能性が高いか

を割り出し、それに従って分配しようと考えたのです。

すると以下のようになります。

まず4回目に表が出たらAさんの勝ちでゲームは終了します。こうなる確率は$\frac{1}{2}$ですね。

次に、4回目に裏が出た場合は、ゲームを続行します。5回目に表か裏が出ますが、確率はそれぞれ$\frac{1}{2}$。そしてどちらであっても、ここでゲームは終了します。5回目でAさんが勝つパターンは、4回目に裏、5回目に表が出るパターンですから、その確率は$\frac{1}{2} \times \frac{1}{2} = \frac{1}{4}$です。一方、5回目でBさんが勝つパターンは、4回目と5回目で裏が出るパターンですから、その確率はやっぱり$\frac{1}{4}$です。

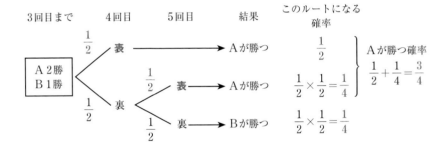

結局、Aさんが勝つ確率は、$\frac{1}{2}$と$\frac{1}{4}$を合わせた$\frac{3}{4}$。Bさんが勝つ確率は$\frac{1}{4}$です。したがって、掛け金の$\frac{3}{4}$をAさんに、$\frac{1}{4}$をBさんに分配すればよいというのが、パスカルとフェルマーの結論でした。

ちなみに、パスカルとフェルマーの前にも、確率について興味をもっていた人はいたようです。実際、まとまった研究として残っている記録は、もう少し古い時代のものがあります。

たとえば2人の手紙よりも少し前に、あの有名なガリレオ・ガリレイも、サイコロについての研究を行っています。それよりもさらに前には、ジェロラモ・カルダーノ（テーマ6に登場します）という人物が、サイコロについて近代的な

研究を行っています。

　しかしガリレオやカルダーノの研究は完璧ではなく、また、あまり注目もされませんでした。結局、確率論が誕生するには、パスカルとフェルマーの手紙を待たねばならなかったのです。

パスカルとフェルマーの確率論における業績 ｜ サイドノート ｜

現代へと続く確率論の始まりは、パスカルとフェルマーによる手紙のやりとりだと述べました。しかしパスカルとフェルマーは、確率論における何かしらの理論を見出したわけではありません。2人は確率に関する膨大な問題のうち、ほんの数問を解いたにすぎないのです。

確率論における2人の功績は、解いた問題の内容よりも、問題を解いたことそれ自体にあります。

ランダムな現象は、基本的に予測できません。しかし、確実な予測はできなくても、そこに何かしらの法則を見出すことができる（たとえば、Aの勝つ可能性がBのそれよりどのくらい大きいかを見積もることができる）と示したことが、何よりの功績なのです。

それまで、できるかどうかすらわかっていなかったことに「できる」と示した2人の手紙は、同じ時代の数学者たちに強い影響を与えました。そしてここから、何人もの名だたる数学者たちが確率に興味をもち、研究を始めるのです。

そういう意味で、パスカルとフェルマーは、確率論を始めた人物だといえるのです。

ところで、ギャンブルなんて太古の昔からあるのですから、もっと早く確率論が誕生してもよさそうなものです。なぜ17世紀になるまで、確率論は誕生しなかったのでしょうか？

確率論が生まれるためには、非常に重要な条件があります。それは、「同様に確からしいコインやサイコロが存在すること」です。工業が発達する以前は、動物の骨などがコインの代わりでした。しかしこれでは表と裏の出る確率は同様に確からしくないので、確率論が生まれる余地はなかったのです。

また、神や運命の存在が信じられていたことも確率論の誕生を阻んだ理由です。これらを信じる人々にとって、偶然とは神の意志によるものであり、ランダムではありません。サイコロについて研究したカルダーノも、サイコロを投げる人物の「臨み方」によって、出目の傾向が変わると信じていたそうです。

3つの扉の答え合わせ

　ギャンブルから生まれた確率論。ところでギャンブルといえば、そろそろアレの答えが気になるのではないでしょうか？

　Chapter 1で紹介したモンティ・ホール問題。そろそろこれの答えを説明しましょう！

　この問題は1990年9月9日、あるアメリカの雑誌のコラムに掲載されたことで、大きな話題になりました。コラムを書いていたのは、IQ228の天才タレントとして人気だったマリリン・ヴォス・サヴァント。時事ネタから科学的な問題まで、さまざまな質問に答えるコーナーでした。

　そこに寄せられた質問が、あの問題だったのです。もう一度、問題の要点をおさらいしましょう。

問題

3つの扉（A、B、C）のうち、どれか1つを開けると賞品の車があります。あなたが扉Aを選んだとき、他の2つの扉からハズレの扉Cを教えてもらったとしましょう。ここで、選ぶ扉を変更しても良いと言われたら、扉Bに変更した方が有利でしょうか？

　この質問に対して、マリリンはこう答えました。

マリリン・ヴォス・サヴァント

扉をAからBに変えると、
当たる確率が2倍になる！

テーマ5　確率論

このコラムが掲載されると、全米で大論争が発生。その答えは間違っている、と1万通を超える投書が殺到しました。その中には、有名大学の教授や数学者もいたそうです。

　単純に考えたら、マリリンの答えは間違っている気がしますよね。だって2つ残った扉のどちらが正解かはまったくわからないのですから、扉を変えようが変えまいが、当たる確率は同じはずなのです。
　いったいなぜ、マリリンは変えた方が得などと言ったのでしょうか?

　正否を確かめる愚直な方法として、「実際にやってみる」という方法があります。100回くらいやってみて、変えて当たるパターンの方が多ければ、マリリンが正しいと見積もることができます。
　ということで、やってみました。
　扉の代わりに箱を用意し、選んだ箱を必ず変える「マリリン派」と箱を変えない「反マリリン派」の2チームに分かれて、このゲームを100回ずつ繰り返してみました。

　その結果、選択を変える「マリリン派」は100回中70回当たり、選択を変えない「反マリリン派」は100回中33回当たりました。マリリンの言う通り、選択を変えた方が、変えないよりもおよそ2倍当たったのです。

確率の求め方その2　| サイドノート |

確率は「$\dfrac{\text{求める事象の場合の数}}{\text{全事象の場合の数}}$」で求まることはchapter 0のサイドノートで紹介しました。

それ以外の方法として、「実際にやってみる」という方法があります。やってみた回数のうち、その事象が起こった回数の割合 $\left(=\dfrac{\text{事象の出現回数}}{\text{やってみた回数}}\right)$ が確率の近似値となるのです。ただしこの方法、正確に確率を求めるためには無限回やってみる必要があります。

そんなことは不可能ですが、有限回でもある程度見積もることはできます。このようにして求めた確率を「経験的確率」とか「統計的確率」と呼びます。

ちなみに、経験的確率が使われている身近な例として、降水確率があります。降水確率は、過去の似たような気象条件のうち、実際に雨が降った日数の割合を表しているのです。

いったい、なぜマリリン派の方が当たる確率が高かったのでしょうか？

少々込み入った説明になりますので、次のページの図式も参照しながら読んでください。

あなたが扉Aを選んだという前提で考えてみましょう。

賞品の車がAにある場合、司会者はハズレの扉BかCのどちらかを開けます。どちらを開けるかはランダムで、司会者が開ける確率はBもCも同様に確からしいとしましょう。そして、扉を変えるかどうか、選択を迫ります。この場合は、変えない方がよいですよね。

あなた

では、車がBにあるとき。この場合、ハズレの扉としてBは開けられないので、司会者は必ずCの扉を開けます。このときは変えた方がよいですよね。

あなた

そして車がCにあるとき。この場合、ハズレの扉として必ずBが開けられますから、これも<u>変えた方がよい</u>ということになります。

あなた

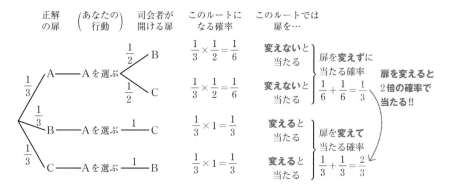

正解の扉	(あなたの行動)	司会者が開ける扉	このルートになる確率	このルートでは扉を…	

$\dfrac{1}{3}$ A —— Aを選ぶ $\dfrac{1}{2}$ B　$\dfrac{1}{3} \times \dfrac{1}{2} = \dfrac{1}{6}$　**変えないと**当たる

$\dfrac{1}{2}$ C　$\dfrac{1}{3} \times \dfrac{1}{2} = \dfrac{1}{6}$　**変えないと**当たる

扉を**変えずに**当たる確率 $\dfrac{1}{6} + \dfrac{1}{6} = \dfrac{1}{3}$

扉を**変えると**2倍の確率で**当たる!!**

$\dfrac{1}{3}$ B —— Aを選ぶ 1 C　$\dfrac{1}{3} \times 1 = \dfrac{1}{3}$　**変えると**当たる

$\dfrac{1}{3}$ C —— Aを選ぶ 1 B　$\dfrac{1}{3} \times 1 = \dfrac{1}{3}$　**変えると**当たる

扉を**変えて**当たる確率 $\dfrac{1}{3} + \dfrac{1}{3} = \dfrac{2}{3}$

　扉を変えない場合、車が当たるのは上2つのルートです。したがってこの場合の当たる確率は、

$$\frac{1}{3} \times \frac{1}{2} + \frac{1}{3} \times \frac{1}{2} = \frac{1}{3}$$

となります。一方、扉を変えて当たるのは下2つのルートですから、この場合の当たる確率は、

$$\frac{1}{3} \times 1 + \frac{1}{3} \times 1 = \frac{2}{3}$$

となります。よって、変える場合の当たる確率は $\dfrac{2}{3}$、変えない場合の当たる確率は $\dfrac{1}{3}$ なので、<u>扉を変えた方が2倍の確率で当たる</u>といえるのです！

数式で解いてみる

モンティ・ホール問題は、確率論の用語では「**条件付確率**」の問題と捉えることができます。条件付確率とは事象 X が起こったという条件の下で、事象 Y が起こる確率のことです。記号では「$P(Y \mid X)$」や「$P_X(Y)$」と書きます。また、事象 X が起こる確率を「$P(X)$」と書きます。条件付確率は、数式では次のように定義されます。

条件付確率

$$P(Y \mid X) = \frac{P(X \cap Y)}{P(X)}$$

ここで「$P(X \cap Y)$」は、X と Y が共に起こる確率です。

ところで、逆に事象 Y を条件とした事象 X の条件付確率は、

$$P(X \mid Y) = \frac{P(Y \cap X)}{P(Y)}$$

となりますが、$P(X \cap Y) = P(Y \cap X)$ なので、上の2式から、

$$P(Y \mid X)P(X) = P(X \mid Y)P(Y)$$

$$\therefore \quad P(Y \mid X) = \frac{P(X \mid Y)P(Y)}{P(X)} \quad \cdots\cdots ①$$

が得られます。この関係式は「**ベイズの定理**」と呼ばれます。

ベイズの定理を利用してモンティ・ホール問題を解いてみましょう。求める確率は

> **あなたが扉Aを選んだとする。**
> **このとき、司会者が扉Cを開けたという条件の下**
> **で、扉Bが当たりである確率**

です。上の公式①に当てはめるなら、事象 X を「司会者が扉Cを開ける事象」、事象 Y を「扉Bが当たりである事象」とすればよいですね。このとき、①の右辺の各確率は次のように求まります。

テーマ5 確率論

$P(Y)$は、なんの条件もないとき、Bが当たりの確率なので$\dfrac{1}{3}$

$P(X \mid Y)$は、Bが当たりの条件下で、（あなたがAを選んだら）司会者がCを開ける確率なので1

$P(X)$は次のように求まります。

もしAが当たりなら$\left(確率\dfrac{1}{3}\right)$、司会者は$\dfrac{1}{2}$の確率でCを開けます。もしBが当たりなら$\left(確率\dfrac{1}{3}\right)$、司会者は必ずCを開けます（確率1）。そしてもしCが当たりなら$\left(確率\dfrac{1}{3}\right)$、司会者は決してCを開けません（確率0）。

$P(X)$はこれらの和となるので、

$$P(X) = \left(\frac{1}{3} \times \frac{1}{2}\right) + \left(\frac{1}{3} \times 1\right) + \left(\frac{1}{3} \times 0\right) = \frac{1}{2}$$

これらをベイズの定理（①式）に代入すると、こうなります。

$$P(Y \mid X) = \frac{1 \times \dfrac{1}{3}}{\dfrac{1}{2}} = \frac{2}{3}$$

よって、（あなたが扉Aを選び）司会者が扉Cを開けたとき、扉Bが当たりの確率は$\dfrac{2}{3}$となります。これは半分より大きいですから、扉Bに変えた方が有利だとわかります。

これをベイズの定理を使わずに求めると、このようになります。

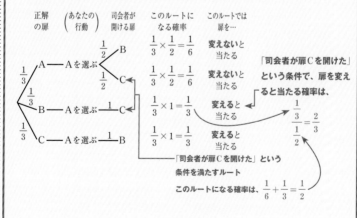

ところで、モンティ・ホール問題では司会者が当たりの扉を知っていますが、もし知らなかったらどうなるでしょう？

「あなたがAを選び、当たりを知らない司会者がCを開けたらたまたまハズレだった」という条件で考えてみます。このとき、図は次のようになります。

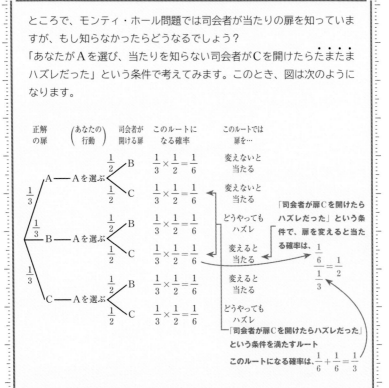

なんと、確率が変わってしまいました！$\frac{1}{2}$ になったということは、扉を変えても変えなくても当たる確率は同じだということです。

このように、モンティ・ホール問題は前提条件が少し変わっただけで、答えが変わってしまうのです。「数学者でさえ間違えた難問」なんていわれたりしますが、その真相は、前提条件を共有できていなかったということなのかもしれませんね。

興味のある方は、他の条件についても考えてみてください。たとえば、「司会者は扉BよりCを選びがちな癖がある」とか、「そもそもAが正解のときしかこのパフォーマンスをやらない」とか……。そのような場合は、どうなるでしょうか？？

テーマ5
確率論

147

Chapter 4
ギャンブルから切り離されて

　ギャンブルから始まった確率論ですが、時を経るうちに少しずつそこから切り離されていきます。そして20世紀、まだ見ぬ未来やランダムな現象を可能な限り予測することを目指した「**現代確率論**」へと進化を遂げるのです。

　きっかけのひとつとなったのは、相対性理論で有名な物理学者アルベルト・アインシュタインが発表した、ブラウン運動に関する論文です。

アルベルト・アインシュタイン
（1879～1955）

　ブラウン運動とは、ごく小さな粒子が液体や気体の中で不規則に運動する現象のことです。たとえばコーヒーにミルクを入れると、ミルクは不規則に広がっていきますが、これはブラウン運動によるものです。ミルクの粒子1つ1つに、周囲の液体の分子がランダムにぶつかっているため起こる現象です。

　この粒子の動きはあまりに複雑なので、予測が不可能だと考えられていました。しかしアインシュタインは、1つ1つの動きは予測できなくても、全体で見るとどのあたりに広がっている確率が高いかを示す法則を見つけ、数式に表したのです。

　その後、アインシュタインの理論をヒントに、世界中の数学者たちが粒子などの、より一般のランダムな運動を記述する方程式を模索し始めます。その結果発見されたのが、こちらの式です。

$$dX_t = \mu(X_t)dt + \sigma(X_t)dW_t$$

粒子の動き	=	予測可能な動き	+	予測不可能な動き

　大まかに述べると、この式は、粒子の動きを「ある程度規則的で予測可能な運動（たとえば粒子に働く重力による落下とか）」と、「液体の分子の衝突によって生まれるランダムで予測が難しい運動」の和で表しています。

この方程式が解ければ、ランダムな粒子の動きが予測できるはずだと考えたのです。

　ところが1つ困ったことがありました。方程式に出てくるW_tの部分。ランダムで不規則な変化を繰り返すこの部分が、あまりに複雑なため、微分や積分といった従来の方程式を解くための手段がまったくといっていいほど使えなかったのです。

　せっかく作った方程式が解けないだなんて……。しかし、落ち込む必要はありませんでした。第二次世界大戦に翻弄されていた日本で、画期的な論文が相次いで発表されたのです。

　書いたのは若き数学者 伊藤清。なんと伊藤は、ランダムな部分にも微分積分と同様な考え方を使って方程式を解く方法を示し、さらに計算を簡単に行うための「**伊藤の公式**」を導いたのです。

　伊藤はのちにこんなことを語っています。

伊藤清
（1915〜2008）

規則がない「ランダムなものの規則」を
どう考えるか、これは刺激的なテーマだった。
わたしはその計算に確率的な要素を加味し、
「**確率積分**」、「**確率解析**」というものを
考え出した。当時これを理解してくれる人は
少なかったが、今思えば、
これが私にとっては一番の仕事になった。

（NHKのインタビューより）

テーマ5 確率論

ランダムウォークとマルコフ過程

ブラウン運動や酔っ払いの動きなど「次の瞬間の移動先」が確率的に定まる運動のことを、「**ランダムウォーク**」と呼びます。
例えばあなたがコイントスを行って、表だったら一歩前に進み、裏だったら一歩後ろに進むと、あなたの動きはランダムウォークになります。
ブラウン運動や酔っ払いの場合、進む向きだけでなく、進む距離も確率的に決まります。

また、コイントスの結果は、前回の結果とは無関係に決まります。このように、「過去の結果とは無関係に、次の動きが決まる」ような動きを、「**マルコフ過程**」と呼びます。
マルコフ過程は、大学入試でもたまに出題されます。たとえば次のような問題です。

> **三角形ABCの頂点Aに点Pがある。コイントスを1回やり、表が出たらPは時計回りに、裏が出たら反時計回りに頂点を移動するとする。コイントスをn回やったあと、点Pが再び頂点Aにいる確率を求めよ**

この点Pの動きは、マルコフ過程です。

　こうして確率論は、ギャンブルとは切り離され、純粋な数学の理論として確立していきました。

　ところが、純粋数学となったことで、かえってさまざまな応用が効くようになります。数式はコインやサイコロとは無関係ですから、同じ式で表されるものは、すべて同じように扱えるのです。すでに述べたように、コーヒーの中で広がるミルクの運動もそうですし、量子力学の世界でも確率論は活躍します。
　確率論は未来が予測できたり、どうしたら有利になるかわかったりする学問でしたよね。つまり、同じ式で表されるものは、すべて同じように未来を予測

できるのです。

　そして20世紀半ば。経済学者たちはあるものが粒子のランダムな運動と同じ式で表せることに気が付きます。

　それは、金融市場。

　そうです、金（かね）と欲望渦巻くギャンブルから切り離された確率論は、再び金（かね）の世界へ舞い戻ることになったのです。

複 雑 す ぎ て 解 け な い ？ | サイドノート

粒子のランダムな運動を記述する方程式

$$dX_t = \mu(X_t)dt + \sigma(X_t)dW_t$$

この方程式は「**確率微分方程式**」と呼ばれています。これを解くには普通、微分積分といった解析の道具が必要になります。そして本文中では、この W_t を「複雑すぎて微分できない」と表現しました。しかしこの表現は誤解を生むかもしれません。これでは「とても難しかったので、当時の数学者達には解けなかった」かのように思えてしまいますが、そうではないのです。

W_t はその定義から微分が不可能な関数であることが証明されたのです。数学者の能力は関係ありません。

しかし、この方程式を解くためには、なんとかして微分積分といった概念を用いたい。そこで伊藤は、通常使われる微分を、ある条件のもとで拡張しました。そして、W_t のような、それまでの方法では微分不可能だった関数に対しても微分のようなものが取り扱えるようにしたのです。

この伊藤の仕事により、方程式が見事解けるようになったというわけです。

テーマ5 確率論

再びのゲーム

　1970年代初め、世界経済は石油ショックやドルショックに見舞われ、株や金融商品の値段がいったいどうなるのか、先行きが見えにくい時代になっていました。

　なんとかして未来を見通す方法はないものか……。人々が思い悩む中、2人の学者が登場します。その名は、フィッシャー・ブラック博士と、マイロン・ショールズ博士です。

フィッシャー・ブラック
（1938～1995）

　彼らが注目したのは、複雑に揺れ動く株価のグラフです。その動きが、あのブラウン運動とそっくりだということに気付いたのです。

マイロン・ショールズ
（スタンフォード大学教授）

アインシュタインは、
コーヒーカップの中でコーヒーの粒子が
あちこち跳ねまわる様子をとらえれば、
その後の動きがどうなるのかある程度予測できる
と言いました。私達はコーヒーの粒子と
さまざまな動きをする株価は、
同じようなものだと考えたのです。

　ブラックとショールズは、次のようなことをしました。
　まず、ブラウン運動などを表す例の方程式を、株価の方程式に読み替えます。

$$dS_t = \mu S_t dt + \sigma S_t dW_t$$

S_t ＝ 株価

そしてそこに、伊藤の公式を使った数式を導入し、さらに株価と債券の価格を組み合わせ、最終的に「**ブラック・ショールズ理論**」と呼ばれる「リスクを抑え金融派生商品の価格を見通す数式」を完成させたのです。

ブラック・ショールズ理論

$$rC = \frac{\partial C}{\partial t} + \frac{1}{2}\sigma^2 S^2 \frac{\partial^2 C}{\partial S^2} + rS\frac{\partial C}{\partial S}$$

伊藤教授による数式は、
確率的に変化するもの同士の影響を
厳密に説明しています。
伊藤の公式のおかげで、私達は問題の解決策を
見つけることができたのです。

　ただし、このブラック・ショールズ理論は、数学に基づくさまざまな仮定や条件を前提としているため、現実の金融市場の状況によっては適用できない限界があると指摘されていました。

　しかしこの理論が金融取引の形をあっという間に変えていきます。ブラック・ショールズ理論がプログラムされた電卓やコンピュータを使った取引が加速していったのです。

　デリバティブ[★01]と呼ばれるさまざまな金融派生商品が発生し、世界は巨大なマネーゲームへと突入していきました。

　純粋数学のマネーゲームへの応用は、伊藤にとって全く想像もしなかったものでした。

テーマ5 確率論

[★01] 株式などを直接やり取りする「現物取引」に対し、「特定の期日に現物取引を行う契約」をやり取りするなど、一段階上の取引の総称。未来の市場を正確に読む必要があるためハイリスクだが、ブラック・ショールズ理論が適用できれば比較的安全になる。

そして、悲劇が突然やってきました。

2008年に起きた、リーマンショック。市場の状況の予想外の変化で、世界は深刻な打撃を受けることになりました。人々がマネーゲームに明け暮れる中、ブラック・ショールズ理論の適用限界は、いつしか忘れ去られていたのです。

伊藤は、純粋数学者としての気持ちをこう書きました。

　　私が想像もしなかった「金融の世界」において「伊藤理論が使われることが常識化した」という報せを受けたときには、喜びより、むしろ大きな不安に捉えられました。
　　私はこれまでの人生において、株やデリバティブはおろか、普通預金しか利用したことがない「非金融国民」なのです。

（伊藤清著『確率論と私』より）

確率論への期待、ブラック・ショールズ理論への誤った信頼から、金融経済は大きなダメージを受けてしまいました。このことは、数学理論がもたらした悲劇の1つとして数えることができるでしょう。

ですが、それは決して、数学が悪いとは言い切れません。現実世界に応用するとき、数学は絶対的な真理というよりは、単なる道具に成り下がります。適切な条件の下であれば絶大で有益な力を発揮し、条件を間違えれば鋭い牙を剥く道具です。

要するに、火や電気のようなものなのです。正しく使えば私達の生活を豊かにしてくれますが、一歩間違えれば命をも奪いかねない危険なものです。

世界中の数学者たちが300年以上かけて確率を研究し、あのブラック・ショールズ理論まで到達しました。それはたしかに、私達の生活を豊かにもしたのです。

これからもさまざまな新しい数学理論が、欲望に突き動かされて生まれてくることでしょう。そしてそれはきっと、世界を豊かにしてくれるはずです。

ブラック・ショールズ理論は
間違っていたのか？

ブラック・ショールズ理論を信じすぎた結果、金融経済は悲劇的な打撃を受けたと述べました。

では、ブラック・ショールズ理論は間違っていたのでしょうか？

いいえ、そうではありません。数学の理論はすべて「与えられた前提から、何が導かれるか？」を考えたものです。「司会者が正解を知っている」という前提から扉を変える決断をすることができるのが、数学の理論です。

ブラック・ショールズ理論にも前提条件があります。しかし金融市場に関わるすべての人がそれを理解し、前提条件を満たすように取引をしているわけではありません。多くの人々は理論を盲目的に使い続けた結果、いつしか条件があることを失念してしまったのです。

その結果起こった悲劇が、リーマンショックでした。

テーマ5
確率論

編集後記

　テーマ5は「確率論」をお送りしました。いかがだったでしょうか。ギャンブルの考察から始まった確率論は、一度はそこから離れ純粋数学として確立されたのち、再び現実世界に舞い戻りました。そして私達の生活と切っても切れない関係となりました。

　確率論を純粋数学へ押し上げたのは、ロシアの数学者アンドレイ・ニコラエヴィッチ・コルモゴロフです。彼は1930年頃、確率を次のように定義しました。これが現在、「**確率論の公理**」とされているものです。

アンドレイ・ニコラエヴィッチ・コルモゴロフ
(1903~1987)

確率論の公理

要素 ω の集合を Ω とし、Ω の部分集合を要素とする集合族（集合の集まり）を $\mathcal{F}$ とします。そしてこれらが、

1. $\mathcal{F}$ は「**集合体**」である [★02]
2. $\mathcal{F}$ の各集合 A に非負の実数 $P(A)$ が定められている
3. $P(\Omega) = 1$
4. 2つの集合 A と B が共通の要素をもたないとき、

$$P(A \cup B) = P(A) + P(B)$$

の4つを満たすとき、$\mathcal{F}$ の各集合 A を「**事象**」、集合 Ω の要素 ω だけからなる集合 $\{\omega\}$ を「**根元事象**」、$(\Omega, \mathcal{F}, P)$ を「**確率空間**」と呼び、$P(A)$ を「**事象 A の確率**」と呼びます。

　ポイントは、この公理が、コインやサイコロとはまったく無関係に定められている点です。さらに、「同様に確からしい」(p.132) という概念も出てきま

[★02]　「**集合体**」とは、$\Omega \in \mathcal{F}$ かつ、$\mathcal{F}$ 内のどの2つの集合の「**和集合**」・「**差集合**」・「**積集合**」（共通部分）も $\mathcal{F}$ に含まれるような集合をいいます。なお、集合 A と集合 B の差集合 $A \setminus B$ とは、集合 A の中から集合 B に属する要素を取り除いて得られる集合のことです。

せん。これで大手を振って、「同様に確からしい」を確率を使って定義できます。すなわち、

$$P(\{\omega_1\}) = P(\{\omega_2\})$$

のとき、根元事象$\{\omega_1\}$と$\{\omega_2\}$は起こる可能性が同様に確からしいといえるのです。

とはいえ、わかりにくいですよね。現実的なものと比較してみましょう。

サイコロを1個投げると、根元事象は「1の目が出る」「2の目が出る」…「6の目が出る」の6つ。これら1つ1つがωです。この6つを集めた集合をΩと呼びます。

そして、根元事象を組み合わせた事象、たとえば「偶数の目が出る」「4以下の目が出る」といった事象をすべて集めた集合が、集合族$\mathcal{F}$です。公理1から、$\mathcal{F}$内のどの集合どうしの和集合・差集合・積集合もまた、$\mathcal{F}$に含まれます。たとえば、「偶数かつ4以下の目が出る」は「偶数」「4以下」の2つの集合の積（共通部分）ですが、これもまた$\mathcal{F}$に含まれます。

公理2が確率の存在を保障し、公理3が全事象の確率は1であることを述べています。ここから、確率は最大でも1であることがわかります。

そして公理4で、確率の計算規則を定めています。

こんなもので、確率を計算できるのでしょうか。実は、これで具体的な値を計算することはできません。しかし、確率がもつ性質を調べることはできます。

例えば「**余事象の確率**」。「4以下の目が出る」に対して「4以下の目が出ない」といった否定の事象を「**余事象**」と呼びます。事象Aの余事象は、記号で「$\overline{A}$」と書きます。

定義から、事象Aと余事象$\overline{A}$は、合わせると（和を取ると）必ず全事象Ωになります。つまり、

$$A \cup \overline{A} = \Omega$$

となります。この式から、

テーマ5 確率論

$$P(A \cup \overline{A}) = P(\Omega)$$

といえますが、公理3から$P(\Omega) = 1$なので、

$$P(A \cup \overline{A}) = 1 \quad \cdots\cdots ①$$

がわかります。

　また定義から、Aと$\overline{A}$は共通の要素をもたないので、公理4から次の式が成立します。

$$P(A \cup \overline{A}) = P(A) + P(\overline{A}) \quad \cdots\cdots ②$$

　①と②式から、余事象$\overline{A}$の確率は、次のような性質をもつことがわかります。

$$P(\overline{A}) = 1 - P(A)$$

　「4以下の目が出る確率」は$\dfrac{2}{3}$ですから、「4以下の目が出ない確率」は、

$1 - \dfrac{2}{3} = \dfrac{1}{3}$とわかるわけです。このくらいなら余事象なんて持ち出さなくてもよいですが、「さいころを3個同時に振ったとき、少なくとも1つは3の倍数の目が出る確率」なんて求めようと思ったときは、余事象の性質を利用した方がよいでしょう。

　公理から定めた確率を「**公理的確率**」と呼びます。現代確率論は、この公理を出発点とし、確率のもつ性質を調べる分野なのです。

　これは純粋に数式だけで定義したものなので、「確率」と呼んだPが、私達がコインやサイコロを使って定義した確率と同じかどうかはわかりません。ただし、結果的に同じものであることが確かめられます。もちろん、そういう結果になるように、恣意的に性質を選んだのですが。

　こうして、コインやサイコロといった具体的なものから切り離すことで、私達は確率について純粋に、数学的に、あるいは機械的に議論することができるようになるのです。

番組制作班おすすめ「確率論」の参考資料

●小山信也 著『「数学をする」ってどういうこと？』技術評論社
●雑誌『Newton 数学パラドックス 2021 年 11 月号』ニュートンプレス
●A.N. コルモゴロフ 著、坂本實 訳『確率論の基礎概念』ちくま学芸文庫

テーマ5
確率論

監修：NHK「笑わない数学」制作班
　　　楠岡成雄（東京大学名誉教授）
ライター：キグロ

ガロア理論

Galois theory

「ガロア理論」と呼ばれる意味

　ガロアというのは、19世紀の若き天才数学者の名前です。ガロアが作った理論なので、ガロア理論と呼ばれています。

　実はこれ、数学者の夢ともいえる凄いことなのです。

　この本の中にも、いろいろな数学者の名前がついた定理や公式などが出てきました。フェルマーの最終定理、ゴールドバッハ予想、オイラー積、リーマン予想、ゼノンのパラドックス、ソフィ・ジェルマン素数、伊藤の公式、ブラック・ショールズ理論、などなど……。

　いくつかの条件が揃ったときだけ、このように定理や公式などに名前が残ります。いろいろ例外はありますが、おおむね

　　1. その題材について大きな貢献を残した

　　2. 多くの人がその貢献を重要視している

　　3. 他に端的な呼び方がない

などの条件が揃って初めて、定理や公式などに名前が残るのです。

それでも「**ガロア理論**」のように、1つの分野をまるごと、1人の名前を冠して呼ぶことは滅多にありません。それというのも、多くの数学者の貢献が積み重なって、1つの分野として成長していくものだからです。代数学、幾何学、数論（整数論）、集合論、グラフ理論のように、対象となるものを掲げて「○○学」「○○論」などと理論全体を呼び、その中に人名を冠した定理や公式などがいくつも詰まっている、そんな感じです。

　ところが、ガロア理論は

　　1. ガロア一人が概形をほとんど完成していた
　　2. その後の数学に大きな影響を残した大理論だった
　　3. その考え方を表す概念や用語が存在しなかった

など、つまりはガロアの成し遂げたことがあまりに偉大だったために、ガロア理論と呼ばれるようになったのです。

　いったい、ガロアとはどんな人物で、ガロア理論は何がそんなに斬新だったのでしょうか。その面白さを伝えられるよう、挑戦してみたいと思います。

Chapter 1

ガロア、二十歳での死

　実は、ガロア理論を取り上げるかどうかかなり迷いました。なぜかというと、ガロア理論は現代数学の基礎のひとつといえるほどの、とてもとても抽象的な捉えどころのない理論だからです。

　しかしこの理論は、理論それ自身もですが、背景にある人間ドラマもまたドラマチックなのです。とはいえ、どこまで解説できるか……。でも、ガロア理論の斬新さだけは皆さんにも感じてほしい、そう願っています。

　事の始まりは、1832年5月30日、パリの街角に響いた一発の銃声でした。
　人々が駆けつけてみると、決闘で腹を撃たれた1人の青年が倒れていました。

青年の名はエヴァリスト・ガロア。フランスの王政打倒を目指す有名な革命家でした。そしてこの革命家こそが、大物数学者たちが「あっ!」と驚くガロア理論を創り出した天才だったのです。

さらに驚くことに、ガロア理論は、この決闘の前夜に彼が記した遺書の中に書き残されていたのです。

エヴァリスト・ガロア
(1811〜1832)

これだけでももうドラマチックで、ガロアとガロア理論について興味がわいてきませんか? でもその前に、学校で学ぶ数学に話を戻させてください。

Chapter 2

2次方程式の解の公式

突然ですが皆さん、「2次方程式の解の公式」は覚えていますか? ここでおさらいしておきましょう。

まず、「2次方程式」は

$$ax^2 + bx + c = 0 \quad （ただしa \neq 0）$$

という数式です。この方程式の「解」（答え）は次のように表されます。

2次方程式 $ax^2 + bx + c = 0\ (a \neq 0)$ の解の公式

$$x = \frac{-b + \sqrt{b^2 - 4ac}}{2a} \quad または \quad \frac{-b - \sqrt{b^2 - 4ac}}{2a}$$

例えば、$1x^2 - 5x + 6 = 0$ ならば、$a = 1$、$b = -5$、$c = 6$ を公式に当てはめて

$$\frac{-(-5) + \sqrt{(-5)^2 - 4 \times 1 \times 6}}{2 \times 1} = \frac{5 + \sqrt{25 - 24}}{2} = 3$$

と

$$\frac{-(-5) - \sqrt{(-5)^2 - 4 \times 1 \times 6}}{2 \times 1} = \frac{5 - \sqrt{25 - 24}}{2} = 2$$

となって、解が3と2であることがわかります。

では「**3次方程式**」

$$ax^3 + bx^2 + cx + d = 0 \quad (ただしa \neq 0)$$

の解の公式は、どんな感じのものなのでしょうか。「**4次方程式**」

$$ax^4 + bx^3 + cx^2 + dx + e = 0 \quad (ただしa \neq 0)$$

や、「**5次方程式**」

$$ax^5 + bx^4 + cx^3 + dx^2 + ex + f = 0 \quad (ただしa \neq 0)$$

ではどうでしょうか?[★01]

問題

どんな方程式にも解の公式はあるのか? ないのか?

この問題が、ガロア理論誕生のきっかけとなりました。

1 次 方 程 式 と 「 体 」 | サイドノート |

順番が前後しますが、「**1次方程式**」も考えてみましょう。1次方程式は

$$ax + b = 0 \quad (ただしa \neq 0)$$

と表されます。試しに$3x + 5 = 0$を解いてみましょう。

1. 両辺から5を引いて　$3x = -5$

2. 両辺を3で割って　$x = -\dfrac{5}{3}$

テーマ6 ガロア理論

[★01] このような形の方程式をまとめて「**代数方程式**」と呼びます。現れるx^mの指数mの中で最も大きい数をその方程式の「**次数**」といい、次数mの方程式を「m**次方程式**」と呼びます。条件の「ただし$a \neq 0$」というのは、x^mが式の中に確かに現れることを保証しています。

として、解 $x = -\dfrac{5}{3}$ が得られました。同じように $ax + b = 0$ の解は $x = -\dfrac{b}{a}$ と表され、これが1次方程式の解の公式です。

1次方程式 $ax + b = 0 \ (a \neq 0)$ の解の公式

$$x = -\frac{b}{a}$$

1次方程式の表示には足し算と掛け算が使われています。またそれを解く過程では、引き算と割り算を使いました。つまり、1次方程式を表現し、それを解くためには、四則演算が不自由なくできることが必要です。この「四則演算が不自由なくできる体系」を専門用語では「体（たい）」と呼びます。

整数の全体は、足し算、引き算、掛け算は不自由なくできますが、1を3で割った商 $\dfrac{1}{3}$ が整数の範囲には収まらず、割り算が"整数の範囲では"自由にできません。なので、整数の全体は体ではありません。

一方、有理数の全体（しばしば「$\mathbb{Q}$」と表す）は体をなし、「**有理数体**」と呼びます。方程式を解く過程では四則演算は不自由なくできてほしいので、体を考察の舞台とします。整数を係数とする代数方程式の場合は、議論の舞台として有理数体 $\mathbb{Q}$ を選ぶことが多いです。

Chapter 3

解の公式をめぐって

　3次方程式、4次方程式には「**解の公式**」があります。その発見をめぐって、数学者たちのとんでもないドタバタ劇があったのです。

舞台は16世紀のイタリア。主役は医者であり数学者にして賭博師（とばくし）、そして大ペテン師ともいわれたジェロラモ・カルダーノです。カルダーノは、3次方程式の解の公式を史上初めて発表した人物として知られています。それは、なんとこんな複雑な式でした。

ジェロラモ・カルダーノ
（1501～1576）

3次方程式 $ax^3 + bx^2 + cx + d = 0\ (a \neq 0)$ の解の公式

$$x = -\frac{b}{3a} + \sqrt[3]{-\frac{b^3}{27a^3} + \frac{bc}{6a^2} - \frac{d}{2a} + \sqrt{\left(\frac{b^3}{27a^3} - \frac{bc}{6a^2} + \frac{d}{2a}\right)^2 + \left(\frac{-b^2 + 3ac}{9a^2}\right)^3}}$$
$$+ \sqrt[3]{-\frac{b^3}{27a^3} + \frac{bc}{6a^2} - \frac{d}{2a} - \sqrt{\left(\frac{b^3}{27a^3} - \frac{bc}{6a^2} + \frac{d}{2a}\right)^2 + \left(\frac{-b^2 + 3ac}{9a^2}\right)^3}}$$

（同じように複雑な式がもう2個ありますが、省略します）

ところがこの解の公式は、カルダーノが発見したものではなかったのです。真の発見者はデル・フェッロとタルタリア。2人はそれぞれ独立に公式を発見しながら、秘密にしていました。その理由は、当時盛んに行われていた金銭を賭けた数学決闘に勝つため。頭脳という武器のみを使ったバトルは数学者の富と名声を大きく左右するものであり、解の公式は重要な企業秘密だったのです。

ニコロ・フォンタナ・タルタリア
（1499または1500～1557）

「どうしても秘密の解の公式を知りたい！」と思ったカルダーノは、まずはタルタリアを言葉巧みに自宅に招待し「絶対に誰にも言わないから」と説得して公式を教えてもらいます。

さらに4年後、今度はデル・フェッロのもとを訪ねて義理の息子に取り入り、計算ノートを見せてもらいました。そして「これでタルタリアとの約束は守らなくていい！」と言い出し、勝手に解の公式を載せた本を出版してしまったのです。3次方程式の解の公式は「**カルダーノの公式**」と呼ばれるようになってしまいました。

ついには、カルダーノの弟子のフェラーリが、タルタリアの考えを参考に4次方程式の解の公式を発見し、タルタリアにとってはまさに踏んだり蹴ったりでした。

　公式を盗まれたと激怒したタルタリアはカルダーノ一派に数学決闘での決着を申し入れますが、あろうことか大敗北！　仕事を失い一文無しとなって、非業の死を遂げたと伝えられています。

　解の公式を見つけられるかどうかが、人生を大きく左右する。当時の数学者の鬼気迫る感じが伝わってくる逸話です。

　ともあれ、3次方程式と4次方程式の解の公式は16世紀に相次いで発見されました。では、5次方程式や6次方程式の解の公式もきっと誰かが発見したに違いない、そう思いますよね。

　ところが、あろうことか、カルダーノの時代から300年経っても、誰も発見できなかったのです。

　5次以上の方程式の解の公式はなぜ見つからないのか？　その背景に、いったいどんな秘密が隠されているのか？　その秘密をはっきりと解き明かしたのが、そう、ガロア理論なのです。そしてそれは、人類史上に刻まれた「もうひとつの数学の夜明け」とでも呼ぶべき、知の大変革でもあったのです。

解の公式とは？

2次方程式の解の公式には、平方根（根号）が使われています。数xに対し、2乗してxになる数を「xの平方根」と呼び、xが0以上の場合、負でない平方根を「$\sqrt{x}$」と表します。つまり

$$(\sqrt{x})^2 = x$$

です。なお、このとき$(-\sqrt{x})^2 = x$でもあります。つまり0でない数xの平方根は2個あり、これらをまとめて「$\pm\sqrt{x}$」と表します。

先ほど紹介した2次方程式$ax^2 + bx + c = 0$ $(a \neq 0)$ の解の公式

$$x = \frac{-b \pm \sqrt{b^2 - 4ac}}{2a}$$

を見ると、この方程式の解は係数a、b、cと四則演算、そして平方根$\pm\sqrt{b^2-4ac}$によって表せています。1次方程式の解が係数の四則演算で表せたことと比べると「平方根をとる」という操作が増えていますね。同じように3次以上の方程式を解こうと思うと、数xに対し、3乗してxになる数、4乗してxになる数、5乗してxになる数、……、は不可欠です。この「〇乗してxになる数」をまとめて「xの冪根（べきこん）」と呼びます。

代数方程式の解の公式とは、方程式の係数から

- 数を足す・引く・掛ける・割る
- 数の冪根をとる

という操作だけを用いて解を発見する手続き、いわば解のレシピのことです。解が1つの式で表せれば代入だけで見つけられてお手軽ですが、ここでは「公式」という言葉をおおらかに捉えて、少し手間がかかるレシピも公式と呼ぶことにします。

Chapter 4

最初の数学の夜明け：数の発見

　もうひとつの数学の夜明けの話をする前に、最初の数学の夜明けとは何なのか振り返ってみることにしましょう。

　歴史が始まるはるか以前、わたしたちの祖先は、たとえば右のようなものを目にしていたことでしょう。3個のリンゴと、杭に3回巻かれたロープ。この2つはまったく異なるものですが、人類はそこに共通する「3」という「数」を発見したのです。

　同じように人類は、身の回りのさまざまなものから、次々と数を発見していきました。数の発見によって、さまざまな量を表して比べられるようになり、また足したり引いたりと計算が可能になりました。これこそが、最初の数学の夜明けだったと考えられています。

テーマ6 ガロア理論

解を含む「体」を見つける

ガロアが考えたのは、方程式の解そのものではなく、方程式の解をすべて含む「体」でした。特に、考えている方程式のすべての解を含む最小の体を、その方程式の「最小分解体」と呼んで重視しました。解がすべて見つかれば、最小分解体が作れます。また最小分解体から解を取り出すのも難しいことではありません。ガロアは

方程式からその最小分解体を作るレシピがあるか？

を問題にしたのです。

またまた2次方程式 $ax^2 + bx + c = 0$ $(a \neq 0)$ にご登場いただきましょう。この方程式の解の公式

$$x = \frac{-b \pm \sqrt{b^2 - 4ac}}{2a}$$

を見ると、a、b、c がすべて有理数のとき、この式の中で平方根 $\sqrt{b^2 - 4ac}$ だけが有理数でない可能性があります。その場合、有理数体 ($\mathbb{Q}$) に $\sqrt{b^2 - 4ac}$ を付け加えて拡張することで最小分解体が得られます。代数方程式の解のレシピで使える操作は四則演算と「冪根をとる」の2種類でした。四則演算はひとつの体の中で完結していますから、体の拡張（「体拡大」）を必要とするのは「冪根をとる」操作だけです。つまり「解の公式」とは

    0. 方程式のすべての係数を含むような最初の体 K_0 を設定する（例えば有理数体 $\mathbb{Q}$）

    1. ある $\alpha_1 \in K_0$ の冪根を付け加えて拡張 K_1 を作る

    2. ある $\alpha_2 \in K_1$ の冪根を付け加えて拡張 K_2 を作る

    $\vdots$

    n. ある $\alpha_n \in K_{n-1}$ の冪根を付け加えて拡張 K_n を作ると、すべての解を含んでいる

というテンプレートに沿って「α_1 から α_n を見つけるレシピ」とも言い換えられるのです。

もうひとつの数学の夜明け：対称性の発見

　数の発見をした人類はそののち、「もうひとつの数学の夜明け」とでも呼ぶべき大発見と出会います。リンゴとロープというまったく異なるものから数という共通点を発見したように、まったく異なる形の間から「対称性」という共通点を発見したのです。

　「対称性」とは図形の見た目を変えない動かし方のことです。たとえば立方体なら、向かい合った面の中心を貫く軸を中心に90度ずつ回転させても見た目が変わりません。（図1）

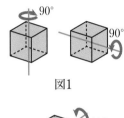

図1

　同じように、最も離れた2頂点を通る軸を中心に120度ずつ回転させても、やはり見た目は変わりません。（図2）

図2

　あるいは、向かい合う2辺の中点を通る軸を中心に180度ずつ回転させても、やっぱり見た目は変わりません。（図3）

図3

　さらに「まったく動かさない」という操作も回転変換の1つと考えることにします。まったく動かさないのですから、もちろん見た目は変わりません。

　これらの回転（全24通り！）によって見た目が変わらないこと、それを立方体のもつ対称性といいます。

　では、立方体とまったく異なる図形である正八面体がもっている対称性とは、どんなものでしょうか？　実は正八面体は、立方体と同じ軸のまわりに同じ角度だけ回転させても、まったく見た目が変わらないのです。実際に並べて、比べてみましょう。

テーマ6　ガロア理論

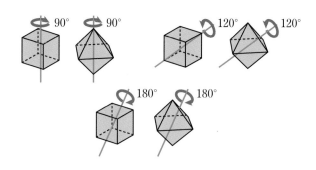

　このようなとき、2つの図形は「同じ対称性をもつ」といいます。それぞれの対称性には名前がついていて、この対称性は「O_h（正八面体群）」と呼ばれています。[★02]（「群」についてはp.179で解説しています）

　原始時代にまったく異なるものから共通する数を発見したように、人類はまったく異なる図形から、それらに共通する対称性（群）を発見していったのです。

　まったく異なるものを睨みつけて、そこに共通する、例えば3という「数」を発見したのが数学の夜明け。そしてその後、まったく異なるものを見つめ続けて、今度はそこに共通する、例えば正八面体群O_hのような「対称性」を発見したのがもうひとつの数学の夜明け、ということなんですね。

　……だからどうした？　と思われるかもしれませんが、これこそが現代数学につながる大進歩だったのです。

　そして、このもうひとつの数学の夜明けは、図形だけの話にとどまりませんでした。なんと数学者たちは「図形と、まったく別物であるはずの方程式との間にも、共通する対称性がある！」と気づいたのです。

$$ax^4 + bx^3 + cx^2 + dx + e = 0$$

図形　　　　　　　　　　　　　　　　**方程式**

いったい、どういうことなのでしょうか？

[★02]　以下に出てくるO_hやS_2などは、正確にはそれぞれの対称性を表す群の名称です。

解は存在する：代数学の基本定理

フェラーリが4次方程式の解の公式を見つけて以降、多くの人々が5次方程式へのチャレンジを続けていましたが、誰一人成功はしませんでした。

ひとつの転機となったのは複素数（虚数）の発見でした。「**複素数**」とは、2乗して -1 になる数（**虚数単位**）i を用いて

$$a + bi \quad (a,\ b\text{は実数})$$

と表される数のことです。複素数の全体、すなわち

$$\{a + bi \,|\, a,\ b\text{は実数}\}$$

という集合は**体**をなしますが、この複素数体のとても重要な性質に次の定理があります。

代数学の基本定理

n次方程式は、重複を含めてちょうど
n個の複素数解をもつ

実数の範囲で考えているうちは、解の数は一定ではありません。$x^2 - 1 = 0$ は2個の実数解 $x = \pm 1$ をもちますが、$x^2 + 1 = 0$ は実数解をもちません（0個）。

しかし複素数まで視野を広げれば、どんな2次方程式もちょうど2個の解をもちます（$x^2 + 1 = 0$ の解は $\pm i$）。

同じように、3次方程式には3個、4次方程式には4個の解があるというのですね。

代数学の基本定理から解の存在はわかりますが、その解が四則演算と冪根のみを使って表せるかはわかりません。つまり「解の公式」の存在は保証していないのです。

代数学の基本定理を証明したガウスは、比較的早い時期から「5次以上の方程式に解の公式はないだろう」とも述べていました。

カール・フリードリヒ・ガウス
(1777～1855)

Chapter 6

方程式の対称性

「図形と方程式との間に、共通する**対称性**がある」とはいったい、どういうことなのでしょう。

答えから言ってしまいましょう。1本の棒のような図形は2次方程式と同じ対称性を、正三角形は3次方程式と同じ対称性を、そして正四面体は4次方程式と同じ対称性をもっている。そんな事実に、数学者たちは気づいていったというのです。

1本の棒と2次方程式に共通する対称性から順番にみていきましょう。

1本の棒がもっている対称性とは「棒の両端の点AとBを入れ替えるようにひっくり返す」という操作で、見た目が変わらない対称性です。

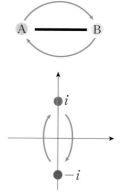

では、2次方程式の対称性は？ といわれても、すぐには見当もつきません。でも大丈夫、こんな風に考えてみてください。

例えば、$x^2 + 1 = 0$という2次方程式の解は虚数単位$\pm i$です。この2つを複素数平面上に表すと、右の図のような位置関係になります。

この2つの解を「入れ替える」とは、どういうことでしょうか？ この2つの解を入れ替えるとは、お互いが互いに重なり合うよう複素数平面を上下に反転することです。そして、この解の入れ替えを行っても$x^2 + 1 = 0$という方程式の見た目は変わりません。平面の上下をひっくり返す操作と、棒の両端をひっくり返す操作は、どちらも「2回繰り返すと元に戻る」という共通点があります。この対称性には「S_2（**2次対称群**）」という名前がついています。[★03]

これと同じように、3次方程式は正三角形と同じ対称性を持っています。例えば、$x^3 - 2 = 0$という3次方程式の解をさっきと同じように複素数平面上に

[★03] S_2やS_3のSは「対称性・対称的」を意味する英単語 Symmetry に由来します。

図示すると、右図のように正三角形が浮かび上がります。この方程式の解の入れ替えは、正三角形の置き換えとぴったり対応しているのです。[★04] これらに共通する対称性は「S_3（3次対称群）」と呼ばれます。

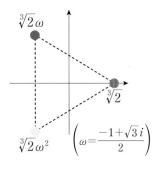

3次方程式の解の並べ替えと、正三角形の置き換えとの対応を、もう少し詳しく観察してみましょう。

ある3次方程式の3つの解をA、B、Cと表すと、その方程式は

$$(x-A)(x-B)(x-C)=0$$

と分解されますが、解を並べ替えることで、この方程式は6通りの表示をもちます。

$$(x-A)(x-B)(x-C)=0、\quad (x-C)(x-B)(x-A)=0$$

$$(x-C)(x-A)(x-B)=0、\quad (x-B)(x-A)(x-C)=0$$

$$(x-B)(x-C)(x-A)=0、\quad (x-A)(x-C)(x-B)=0$$

正三角形の3つの頂点を同じようにA、B、Cと名付けるとき、これら6つの式に対応するように正三角形を置き換えてみましょう（裏返しもあります）。

$(x-A)(x-B)(x-C)=0$

$(x-C)(x-B)(x-A)=0$

$(x-C)(x-A)(x-B)=0$

$(x-B)(x-A)(x-C)=0$

$(x-B)(x-C)(x-A)=0$

$(x-A)(x-C)(x-B)=0$

3次方程式の解の並べ替えと正三角形の置き換えはともに群S_3を成す

[★04]　実際には、平面全体をパタパタと置き換えているのではなく、解の並べ替えが導く「体の自己同型」を考えています。詳しくは編集後記をご覧ください。

どうでしょうか？　3次方程式の解の並べ替えと、正三角形の置き換えとがぴったり対応していますね。これこそが3次対称群S_3の対称性なのです。

同様に、4次方程式は正四面体と同じ対称性をもっています。もちろん、正四面体を平面の中に描き出すことはできませんが、4つの解A、B、C、Dの並べ替えは、ちょうど正四面体の置き換えとぴったり対応しているのです。

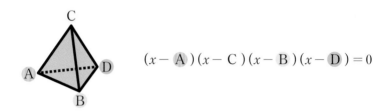

$$(x - \text{A})(x - \text{C})(x - \text{B})(x - \text{D}) = 0$$

なお、この「正四面体の置き換え」には、回転だけではなく図のような「鏡写し」も含んでいます。

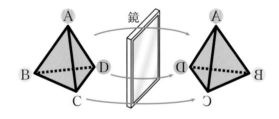

エディターズノート

解を「並べ替える」というアイデア

代数学の基本定理の発見に前後して、3次、4次方程式の解法をもう一度見つめ直したのがジョセフ＝ルイ・ラグランジュです。オイラーと並び「18世紀最大の数学者」の異名をとるラグランジュは、解析力学などの分野で大きな業績を残しましたが、数論における**「ラグランジュの四平方定理」**、群論における**「ラグランジュの定理」**など、多方面に重要な定理を残しています。

**ジョセフ＝
ルイ・ラグランジュ**
（1736〜1813）

ラグランジュは5次以上の方程式に取り組む前に「なぜ3次、4次の方程式には解の公式が存在するのか」という観点から考えました。そして、これらの解の公式を1つの式ではなく、手続き、レシピとして捉え直したのです。

ラグランジュが考えたのは、現在では「**ラグランジュ・リゾルベント**」と呼ばれる、解から逆算して方程式を分解する方法でした。解を並べ替えながら巧妙に足し合わせることで、解きたい方程式をより低い次数の方程式へと帰着する方法を編み出したのです。

3次方程式の場合を説明してみましょう。$t^3 = 1$なる数t（ただし、$t \neq 1$）を用意します。3次方程式$ax^3 + bx^2 + cx + d = 0$の3個の解をA、B、Cと表すとき、$X = At^2 + Bt + C$がこの方程式のラグランジュ・リゾルベントです。ここで、AをBに、BをCに、CをAに、と解を並べ替えることで、Xは

$$Bt^2 + Ct + A = At^3 + Bt^2 + Ct = tX$$

と変化します。同様にもう1回並べ替えるとt^2Xになり、さらにもう1回並べ替えるとXに戻ります。XとtXとt^2Xの積は

$$X \times (tX) \times (t^2X) = t^3X^3 = X^3$$

ですね。X^3が見つかれば、その3乗根をとることでX（とtX、t^2X）が得られます。X^3を捕まえる方程式はもとの方程式より簡単になりますからリゾルベントで逆算すると、方程式からその解に少し近づけるのです。

この方法が可能なのは、3次方程式にはちょうど3個の、4次方程式にはちょうど4個の解が存在するからです。「同じように並べ替えて足し合わせる」ことにより、すべての方程式を一斉に簡単な方程式に帰着できるわけです。複素数の導入と解の個数についての発見から「解の並べ替え（**置換**）」というアイデアが誕生し、方程式の探求は新しい局面を迎えます。

テーマ6 ガロア理論

Chapter 7

対称性と解の公式

さて皆さん、思い出してください。問題は

> ## 問題
> 5次方程式に解の公式が見つからないのはなぜか?

でした。実は、5次方程式は、こんなちょっと複雑な図形と同じ、「S_5（**5次対称群**）」という対称性をもっているのです。[★05]

$$ax^5 + bx^4 + cx^3 + dx^2 + ex + f = 0$$

ガロアが登場するのはここからです。なぜS_5（5次対称群）という対称性をもつ5次方程式には解の公式が見つからないのでしょうか？　ガロアはどんな斬新な発想を使って、そのことを解明してみせたのでしょうか？

　かつてカルダーノの時代、数学者は3次方程式や4次方程式をあれこれ変形することで、解の公式を探し求めていました。これはいわば、行き当たりばったり的な方法です。

　しかしガロアは、まったく発想を転換して

> 方程式に対応する図形を調べれば
> なぜ5次方程式には解の公式が存在しないのか
> その理由がはっきりわかる!

[★05]　正確にはS_5の部分群であるA_5（5次交代群）が正二十面体に対応する対称性をもつ。

と見抜いたのです。

方程式	図形	解の公式
$ax^2 + bx + c = 0$	——	○
$ax^3 + bx^2 + cx + d = 0$	△	○
$ax^4 + bx^3 + cx^2 + dx + e = 0$	△	○
$ax^5 + bx^4 + cx^3 + dx^2 + ex + f = 0$	◇	✕

エ ディ タ ー ズ ノ ー ト

アーベル・ルフィニの定理

「解の並べ替え（置換）」のアイデアで方程式論
に新展開をもたらしたラグランジュでしたが、
5次以上の方程式になると、起こりうる並べ替え
のパターンが複雑すぎて成功しませんでした。
しかしラグランジュ自身は、解の公式が存在す
る可能性を追い続けていたといわれています。
ラグランジュの「解の置換」の発想を引き継い
で、代数方程式の解の公式が存在しないことの
証明に挑んだのはパオロ・ルフィニでした。ル

パオロ・ルフィニ
（1765〜1822）

フィニは、置換どうしを組み合わせて複雑な置換が作れるのを見て、個々
の置換ではなく「置換の集まり」を考えると、その複雑さを表現できる
ことに気づいたのです。ルフィニはこのアイデアに沿って攻略を進め、
5次以上の方程式には一般に解の公式が存在し
ないという証明の完成を宣言しました。4次方
程式の解の公式が発見されてから300年以上が
経っていました。
ルフィニの証明はほぼ核心を射抜いていました
が、一部には不十分な点もありました。それら
の欠陥は、やはり5次方程式の解の公式につい
て考えていたニールス・アーベルによって埋め

ニールス・アーベル
（1802〜1829）

られ、いよいよ方程式の解の公式の探索に終止符が打たれたのです。
この定理は現在、2人の業績を讃えて「**アーベル・ルフィニの定理**」と
呼ばれています。

アーベル・ルフィニの定理

5次以上の代数方程式には、
解の公式は存在しない

ルフィニとアーベルは、それぞれ解の置換を通して「変換の集まり」と
いう考え方の重要性にまではたどり着いていました。2人は「解の置換
がとても複雑になる方程式は、四則演算と冪根で解を作り出せない」こ
とは証明しましたが、群という概念が明確になっておらず「どんな方程
式ならば解を四則演算と冪根で表せるのか?」を説明する言葉がありま
せんでした。
2人の残した課題を見事に解き明かしたのがガロアであり、そのために
導入されたのが群とガロア理論です。
とはいえ、ガロアが残した記述もまだ粗っぽく難解で、当初はほとんど
の人から理解されませんでした。その先見性に気づいた人たちが時間を
かけて洗練させたことで、ガロアの理論は「群＝対称性の複雑さを表現
するもの」というアイデアの重要性とともに、広く知らしめられていっ
たのです。

ガロアが発見したことは、数学の用語ではこんなふうに表現されます。

3次対称群S_3や4次対称群S_4には、正規部分群の系列で隣り合う
2つの群から作られる剰余群がすべて巡回群になっているものが存
在するが、5次対称群S_5にはそのようなよい構造は存在しない。

なんだかいきなり難しくなった気がしますね。でも大丈夫です。ガロアが発
見した対称性の謎、順番に解き明かしていきましょう。

群の定義

「**群**」が重要らしいことはおわかりいただけたかと思います。でも、群っていったい何なのでしょうか?

群を一言で表すなら「いくつかの条件を満たす操作(変換)の集まり」です。条件は4つ

(1) **合成の存在**　複数の操作を連続して行う操作(操作の「**合成**」)もまた含まれる

(2) **結合則**　操作の合成はその順序によらない

(3) **単位元の存在**　何も動かさない操作が含まれる

(4) **逆元の存在**　すべての操作に対し「元に戻す」操作が含まれる

です。いったい、この定義は何を表しているのでしょう?

「**逆元**」(元に戻す操作)の存在(4)は、「どの操作にも逆の動きをする操作がある」ことを表しています。形を変えない操作のことを数学ではしばしば「**合同変換**」と呼びますが、この用語にならえば「合同変換の集まり(対称性)は群である」ともいえます。「**単位元**」(何も動かさない操作)の存在(3)は、あってもなくても同じような気がするかもしれませんが「元に戻す」の基準として必要です。そして、複数の変換を連続して行えること(1)(2)が対称性を描き出すのです。

たとえば「原点を中心として60°回転する」という変換を考えます。この1つの変換を繰り返し施(ほどこ)して、ある点がどこへ動いていくか観察してみます。

すると、見事に正六角形が浮かび上がりました。変換1回ではこのうちの1辺しか見つけられませんが、2回、3回と繰り返すことで

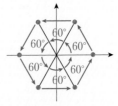

正六角形が浮かび上がる

正六角形という図形が浮かび上がります。60°の回転が作り出す群は「正六角形を回転させるときの対称性」を表しているのです。

群の特徴のひとつに「変換の合成」がありました。群が60°の回転を含めば、それを繰り返して得られる120°の回転、180°の回転などはまたその群に含まれます。逆にいえば、60°の回転ひとつに注意すれば、120°や180°の回転の性質はその観察から導けるのです。

S を変換の集合とします。S に含まれる変換とその逆変換から、合成、そのまた合成、……と表される変換をもれなく集めることで、ひとつの群 G ができます。このとき「S は G を**生成する**」とか「S は G の**生成系**であ

る」といいます。たとえば「60°の回転」を繰り返して得られる群は「60°の回転」が生成する群です。生成系は群を構成する素材なのです。変換1つから生成される群、つまり、その中のすべての変換が1つの変換の繰り返しで表せる群のことを「巡回群」といいます。巡回群は群の中でもシンプルなものですが、ガロアが発見したことの中にも表れているように、大活躍するので覚えておいてくださいね。

「群」とは何なのか、まだつかみきれていない方も多いかもしれませんね。そこで、群のビジュアル化に挑戦してみましょう！

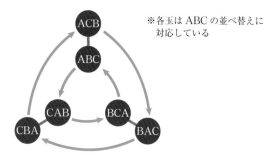

※各玉は ABC の並べ替えに
　対応している

S_3 の対称性の構造

　これは3次対称群 S_3 の対称性の構造を図にしたものです。丸い玉のそれぞれが、1つずつ並べ替えを表しています。細かいことはさておき、丸い玉が、いわば分身の術を使ったように規則的な図を形作っています。

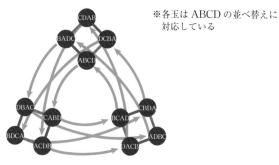

※各玉は ABCD の並べ替えに
　対応している

S_4 の対称性の構造

こちらは4次対称群 S_4 の対称性を表す図です[06]。この図でも、丸い玉が分身の術を使いながら、規則的な美しい動きを見せている感じ、しますよね？

いよいよ5次方程式の対称性、5次対称群S_5の登場です。S_5を表す図はこん
な感じ。

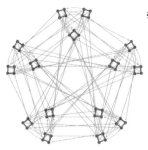

※各玉はABCDEの並べ替えに
　対応している

S_5の対称性の構造

　上の方の一部には分身の術を使った美しい動きもありますが、全体ではなん
だかバラバラでまとまりがありません。それもそのはず、実はS_5では、どうやっ
ても規則的で美しい動きをするビジュアル化ができないのです。

エディターズノート

群のケイリーグラフ

　ここに現れた図は、「**群のケイリーグラフ**」と呼ばれています。グラフ
とは、いくつかの頂点を与えられた規則にしたがって辺（または矢印）
で結びつけた図形のことです。
　ここでは、その作り方をご紹介します。
　ケイリーグラフを描くために準備するものは、群Gとその生成系Sです。
作り方は
　　1. 頂点として群Gに含まれる変換を配置する
　　2. Sの各要素sに対し、点$g \in G$から$gs \in G$（gとsの合成）へと矢
　　　印を描く
です。実際にS_3のケイリーグラフを描いてみましょう。

[★06]　ここで紹介したS_4の図やS_5の図は、正確にはS_4やS_5の一歩手前の4次交代群A_4や5次交代群
A_5を表す図です。A_4やA_5はそれぞれS_4やS_5の半分の大きさの群で、本来のS_4やS_5の図はこの倍
の大きさになります。しかし、もっとも重要な特徴はこれらの図の中に見出せるので、文中ではA_4や
A_5の図で説明しています。

テーマ6　ガロア理論

3次対称群S_3にはABC、ACB、BAC、BCA、CAB、CBAの6つの変換が含まれていました。生成系SにはACBとCABを選びます。6つの点をSの要素CABによって結ぶ（緑矢印）と、2つの三角形のサイクルができます。続いて、Sの要素ACBによって結ぶ（赤線）と、3本の直線ができ、1つのサイクル（三角形）がサイクル状（2倍）に広がっていく美しいグラフになります。

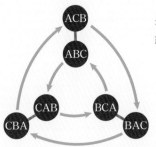

赤線 ACB に対応
緑矢印 CAB に対応

実は、群の生成系は1通りとは限りません。生成系の選び方によってケイリーグラフも変化します。

たとえば、同じく3次対称群S_3の生成系Sとして ACB と BAC を選ぶこともでき、こんなケイリーグラフになります。

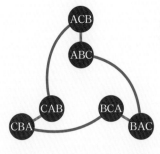

赤線 ACB に対応
青線 BAC に対応

このように、1つの群からいろいろなケイリーグラフが描き出せるのですが、3次対称群S_3や4次対称群S_4には、その中にサイクルがサイクル状に広がっていくきれいなものが存在します。

一方、5次対称群S_5には、どうやってもそのようなケイリーグラフが描けないのです。

［★07］　正確に表すなら両向きの矢印にするところですが、省略しました。

ガロアが発見したこと、それはいわば

> **方程式のもつ対称性が美しく整っているとき、**
> **また、そのときにのみ解の公式は存在する**

という事実だったのです。

　方程式と、その対称性と、解の公式。見たこともない発想の連続で驚かれたかもしれませんが、ざっくりまとめると、ガロアが見つけたのはこういうことです。

> **2次方程式、3次方程式、4次方程式に対応する図形は単純な形**
> **だけれど、5次方程式に対応する図形は結構複雑だ。**
> **だから5次方程式には解の公式が存在しない。**

　このガロア理論が画期的だった点、それは方程式を直接いじるのではなく、それぞれに対応する図形の対称性を調べることで、解の公式があるのかないのかがわかるということでした。言ってみればガロアは、問題の裏側に回り込み、問題をハッキングするハッカーみたいなやつだった、ということなんですよ！

エディターズノート

方程式はいつ解ける？

　解の公式を、体拡大を用いて説明したエディターズノート（p.168）を思い出してみます。
　解の公式とは「体 K_0 を出発点とし、冪根を付け加える操作を繰り返して、すべての解を含む体（最小分解体）を作り出す」レシピといえました。
　ガロアはそこで

> 　「冪根を付け加える」操作の複雑さ（対称性）は、
> 　　　　巡回群として表現される

ことを示したのです。解の公式を実行して現れる体拡大の系列

$$K_0 \subset K_1 \subset K_2 \subset \cdots \subset K_n$$

にこの考え方を適用すると、出発点と完成品の組 $K_0 \subset K_n$ の複雑さを表す群は、$K_0 \subset K_1$ を表す巡回群、$K_1 \subset K_2$ を表す巡回群、…、$K_{n-1} \subset K_n$ を表す巡回群の積み重ねに分解できます。

ガロアはまた、ラグランジュの開発した方法を応用して、逆に複雑さが巡回群で表せる体拡大は必ず「冪根を付け加える」操作で作り出せることも知っていました。最小分解体の複雑さを表す群が巡回群の積み重ねに分解できれば、各段階の巡回群に対応する冪根を繰り返し付け加えることで、冪根による解の表示、すなわち解のレシピが得られます。

「巡回群の積み重ねへの分解」は、先のビジュアル化からも読み取ることができます。3次方程式の対称性 S_3 を表すケイリーグラフは、2つの三角形（3点が入れ替わるサイクル）の頂点どうしがつながった形をしていました。2つの三角形をずらしてぎゅっとつぶすと、直線（2点が入れ替わるサイクル）に変わりますね。

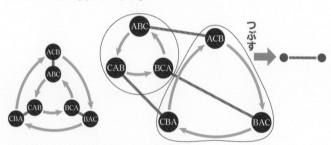

4次方程式 S_4 の対称性の図は、3つの四角形（これもサイクル！）が少しずつねじれながら三角形を描いています。四角形をぎゅっとつぶすと、三角形というサイクルに変わります。

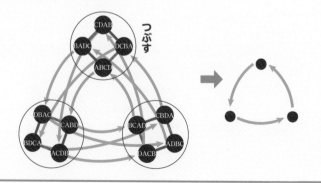

このように、対称性を表す群のビジュアル化が「サイクルがサイクル状に広がっていく」形の積み重ねに表せる方程式にだけ、解のレシピが見つかります。逆に、解のレシピが存在する方程式の場合、$K_0 \subset K_1$ を表す巡回群、$K_1 \subset K_2$ を表す巡回群、…、$K_{n-1} \subset K_n$ を表す巡回群の生成元を集めて全体の生成系を作ると、それによって得られるビジュアル化には「サイクルがサイクル状に広がっていく」形が浮かび上がります。

5次以上のほとんどの方程式は、最小分解体の対称性が巡回群の積み重ねとして表せません。ここからアーベル・ルフィニの定理の証明が得られます。ガロアは方程式のみの観察から、その複雑さを表す群を取り出す方法を探求し、方程式が「いつ」解けるかまで踏み込んで統一的に説明してみせたのです。

Chapter 8
現代数学にも現れるガロアの理論

ガロア理論のすごさは、近年解き明かされた数々の難問を見てもわかります。

たとえば、「**フェルマーの最終定理**」を証明したワイルズ博士たちの論文をのぞいてみましょう。

アンドリュー・ワイルズ
（オックスフォード大学
教授）

MODULAR ELLIPTIC CURVES AND FERMAT'S LAST THEOREM 459

$R_{\mathcal{D}} \to R_{\mathcal{D}'}$ by the universal property of $R_{\mathcal{D}}$, and its kernel is a principal ideal generated by $T = \varepsilon^{-1}(\gamma) \det \rho_{\mathcal{D}}(\gamma) - 1$ where $\gamma \in \mathrm{Gal}(\mathbf{Q}_{\Sigma}/\mathbf{Q})$ is any element whose restriction to $\mathrm{Gal}(\mathbf{Q}_{\infty}/\mathbf{Q})$ is a generator (where $\mathbf{Q}_{\infty}$ is the $\mathbf{Z}_p$-extension of $\mathbf{Q}$) and whose restriction to $\mathrm{Gal}(\mathbf{Q}(\zeta_{N_p})/\mathbf{Q})$ is trivial for any N prime to p with $\zeta_N \in \mathbf{Q}_{\Sigma}, \zeta_N$ being a primitive N^{th} root of 1:

$$(1.4) \qquad\qquad R_{\mathcal{D}}/T \simeq R'_{\mathcal{D}}.$$

It turns out that under the hypothesis that ρ_0 is strict, i.e. that $\rho_0|_{D_p}$ is not associated to a finite flat group scheme, the deformation problems in (i)(a) and (i)(c) are the same; i.e., every Selmer deformation is already a strict deformation. This was observed by Diamond. the argument is local, so the decomposition group D_p could be replaced by $\mathrm{Gal}(\mathbf{Q}_p/\mathbf{Q})$.

テーマ**6** ガロア理論

「Gal」という記号が見えますね。ガロアを表す略語です。ガロアの画期的な発想が使われている部分なんです。

　こちらは「abc予想」を証明したという望月新一博士の論文です。この中にも、Galの文字が何度も何度も現れます。ガロアの発想が現代数学を支えていることが、よくわかるのではないでしょうか。

望月新一
（京都大学教授）

INTER-UNIVERSAL TEICHMÜLLER THEORY I　　　　69

of automorphisms/outer automorphisms of the topological group $\mathbf{Gal}(\overline{L}_C/L_C(\kappa\text{-sol}))$ that preserve each κ-sol-open subgroup — i.e., of *"κ-sol-automorphisms/κ-sol-outer automorphisms"* — admit *natural compatible homomorphisms*

$$\mathrm{Aut}^{\kappa\text{-sol}}(\mathbf{Gal}(\overline{L}_C/L_C(\kappa\text{-sol}))) \rightarrow \mathrm{Aut}(Q)$$
$$\mathrm{Out}^{\kappa\text{-sol}}(\mathbf{Gal}(\overline{L}_C/L_C(\kappa\text{-sol}))) \rightarrow \mathrm{Out}(Q)$$

for each quotient $\mathbf{Gal}(\overline{L}_C/L_C(\kappa\text{-sol})) \twoheadrightarrow Q$ by a κ-sol-open subgroup. The kernels of these natural homomorphisms [for varying "Q"] determine *natural profinite topologies* on $\mathrm{Aut}^{\kappa\text{-sol}}(\mathbf{Gal}(\overline{L}_C/L_C(\kappa\text{-sol})))$, $\mathrm{Out}^{\kappa\text{-sol}}(\mathbf{Gal}(\overline{L}_C/L_C(\kappa\text{-sol})))$, with respect to which each arrow of the *commutative diagram of homomorphisms*

Chapter 9

ガロアとガロア理論がたどった道

　さてさて、ガロア理論をめぐるお話もいよいよ大詰めです。画期的な数学理論を生み出し、その後の数学に大変革を引き起こしたガロア。しかし、その自由奔放な天才ぶりや、あまりに斬新な考え方が影響し、人生は短く不遇なものとなってしまいました。

　ガロアが初めてガロア理論につながる論文を執筆したのは、17歳のときでした。ガロアはその論文を、数学の大御所たちが所属するフランスの科学学士院に二度にわたって提出しましたが、二度とも紛失を理由に受理されませんでした。

　さらに、進学を希望していた理工科学校の受験にも失敗します。理由は、数学の理解をめぐって試験官たちと言い争ったことだといわれています。

　なぜ自分の考え方は認められないのか。失意のガロアが数学研究の傍らでのめりこむことになったのは、王政打倒の革命運動でした。既得権益者が支配するこの世の中は間違っている！　と地下活動やデモを繰り広げるガロアは、警察当局からも目を付けられ、やがて投獄されてしまいます。

　これは、ガロアの三度目の論文提出に対する科学学士院からの返答です。ガロア理論は、当時の数学の権威たちにも、まったく理解されなかったのです。

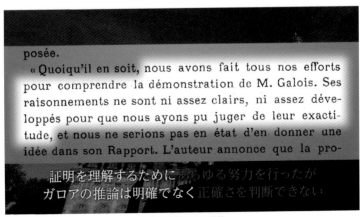

posée.

« Quoiqu'il en soit, nous avons fait tous nos efforts pour comprendre la démonstration de M. Galois. Ses raisonnements ne sont ni assez clairs, ni assez développés pour que nous ayons pu juger de leur exactitude, et nous ne serions pas en état d'en donner une idée dans son Rapport. L'auteur annonce que la pro-

証明を理解するためにあらゆる努力を行ったが
ガロアの推論は明確でなく正確さを判断できない

科学学士院からの返答

ガロアの運命の日は、突然やってきました。1832年5月30日、パリの郊外で行われた決闘で、ガロアは命を落としてしまうのです。

　実は、決闘の原因が何だったのか、今もよくわかっていません。恋愛関係のもつれという説や、それに見せかけて当局に暗殺されたという説もあります。

　そして、この決闘の前夜、自らの死を覚悟したのか、ガロアは友人に宛てた手紙の中でもう一度ガロア理論を整理し、遺書として記していました。そこには、こんな言葉が添えられていたのです——

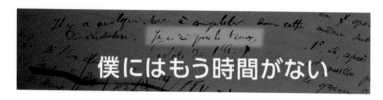

僕にはもう時間がない

　遺書を受け取った友人たちの努力によって、ガロアの死後、ガロア理論は出版されることになりました。しかし、数学界がガロア理論を真に理解するまでには、さらに何十年もの時間が必要だったのです。

　王政打倒を目指す革命家として戦いを繰り広げながら、同時に、死の直前まで自らの斬新な数学のアイデアを残そうともがき続けたガロア。激動の人生を駆け抜けたガロアの胸の内を想像すると、新しい社会や新しいアイデアを作り上げて広めたい！　そんな情熱できっと熱く熱く燃えたぎっていたんだろうと思います。

　不遇のまま、わずか20年の生涯を終えたガロアでしたが、そのアイデアは確実に世界を変え、今も生きています。だから、ガロアの情熱は今も私たちに無限のエネルギーを与えてくれている、そう感じます。

Chapter 10

編集後記

　最後に、少し難しくはなりますが、ガロアが方程式と群をどう結び付けたのか、もう少しだけきちんと紹介してみましょう。

　ガロアは方程式の解そのものではなく、解をすべて含む「最小分解体」を考えたことはすでに述べました。解の公式の説明では「冪根を付け加える」操作を繰り返して最小分解体を作れるかが問題でしたが、解の公式を気にせず最小分解体を作るだけなら、すべての解をいっせいに付け加えるだけで作れます。

　しかし、それでは「解の公式」に相当する体の系列があるのか、すぐにはわかりません。そのためにガロアが導入したのが、現在は「**ガロア群**」と呼ばれている群でした。

　群は「変換の集まり」です。ガロア群が変換するのは、方程式の最小分解体です。対象としている方程式の最小分解体を K で表します。**写像** $f: K \to K$ が**全単射**であり四則演算と整合している、つまりどの x、$y \in K$ に対しても

$$f(x \pm y) = f(x) \pm f(y)、\quad f(xy) = f(x)f(y)、\quad f\left(\frac{x}{y}\right) = \frac{f(x)}{f(y)}$$

および $f(1) = 1$ が成り立つとき、f を「**自己同型**」といいます。

　数式を使って難しく表現しましたが、最小分解体の自己同型は「解の並べ替え」によって表現されます。たとえば、3次方程式の解を A、B、C（例えば、$x^3 - 2 = 0$ の解ならば $A = \sqrt[3]{2}$、$B = \sqrt[3]{2}\,\omega$、$C = \sqrt[3]{2}\,\omega^2$）で表すとき、最小分解体には $A + B^2 + C^3$ という数が含まれますが、これは A、B、C の並べ替え（置換）によって

置換 $A \mapsto A$、$B \mapsto B$、$C \mapsto C$ のとき $A + B^2 + C^3$

置換 $A \mapsto A$、$B \mapsto C$、$C \mapsto B$ のとき $A + C^2 + B^3$

置換 $A \mapsto B$、$B \mapsto A$、$C \mapsto C$ のとき $B + A^2 + C^3$

置換 $A \mapsto B$、$B \mapsto C$、$C \mapsto A$ のとき $B + C^2 + A^3$

$$置換 A \mapsto C、B \mapsto A、C \mapsto B のとき C + A^2 + B^3$$
$$置換 A \mapsto C、B \mapsto B、C \mapsto A のとき C + B^2 + A^3$$

と一般に6通りの数へと変化します。このような解の並べ替え1つ1つが K の自己同型 f を定め、自己同型の全体がひとつの群を形作るのです。

これでガロア群ができました。さらにガロアは、この群を使って「解の公式」に対応する体拡大の系列が存在するか判定する方法を編み出します。

　上に述べたように、$A + B^2 + C^3$ という最小分解体の要素は、解の並べ替えにより6通りの数へと変化しました。しかし、$A + B^2 + C^2$ という要素の変化は3通りしかありません。実際にやってみると

$$置換 A \mapsto A、B \mapsto B、C \mapsto C のとき A + B^2 + C^2$$
$$置換 A \mapsto A、B \mapsto C、C \mapsto B のとき A + C^2 + B^2$$
$$置換 A \mapsto B、B \mapsto A、C \mapsto C のとき B + A^2 + C^2$$
$$置換 A \mapsto B、B \mapsto C、C \mapsto A のとき B + C^2 + A^2$$
$$置換 A \mapsto C、B \mapsto A、C \mapsto B のとき C + A^2 + B^2$$
$$置換 A \mapsto C、B \mapsto B、C \mapsto A のとき C + B^2 + A^2$$

となり、同じものが2回ずつ現れていますね。さらに $A + B + C$ になると、どう並べ替えてもまったく変化しません。いくつかの並べ替えを指定したとき、最小分解体の要素のうちで「指定した並べ替えで変化しない要素」をすべて集めると、ちょっと小さな体（「**中間体**」という）ができます。この「いくつかの並べ替え（**部分群**）」と「中間体」とが1対1に対応する、すなわち群を使えば「中間体の地図」が描けるというのがガロアの大発見で、現在では「**ガロア理論の基本定理**」と呼ばれています。

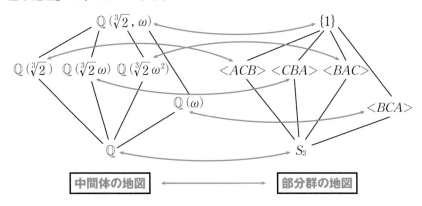

このようにして、ガロア群を精密に観察すれば、解のレシピに対応する体拡大の系列の有無、つまりは解の公式の有無が明らかになるのです。

Chapter1でも述べたように、ガロアはわずか20歳でこの世を去ってしまいました。もしガロアが長生きしていたら、いったいどれほどすごいことを成し遂げただろうか？　という疑問は、数学好きの人々の間で繰り返し盛り上がる話題の1つです。

しかし、ガロアが残した数学は、現代数学に不可欠な考え方の1つとしてほとんどの分野で活用されています。特に「群によって対称性の複雑さが記述できる」という考え方は、「数によって量を表現できる」と並べるに相応しい重要な発見でした。数の発見が数学の発展を早めたように、群の発見は現代数学を支え続けています。

自分の成し遂げた功績が（自分が亡くなってもなお）多くの人々に影響を及ぼし続ける。これはほとんどすべての数学者にとって最大の夢といえます。ガロアのあまりにも短い生涯と、あとに残されたガロア理論の鮮烈さや偉大さは、知れば知るほど惹きつけられる魅力に満ちています。ガロアやガロア理論を扱った本は今なお増え続けています。実はロマンチックでもある数学の世界、ちょっと覗いてみませんか？

番組制作班おすすめ「ガロア理論」の参考資料

●小島寛之 著『天才ガロアの発想力―対称性と群が明かす方程式の秘密―』技術評論社
●上村恒司 著『宇宙一美しいガロア理論』幻冬舎
●P・デュピュイ 著、辻雄一 訳、辻雄 解説『ガロアとガロア理論』東京図書
●小林吹代 著『ガロア理論「超」入門～方程式と図形の関係から考える～』技術評論社
●藤﨑源二郎 著『岩波基礎数学選書　体とガロア理論』岩波書店
●黒川信重 著『ガロア理論と表現論:ゼータ関数への出発』日本評論社
●梅村浩 著『ガロア 偉大なる曖昧さの理論』現代数学社
●雪江明彦 著『代数学2 環と体とガロア理論』日本評論社
●永田雅宜 著『可換体論』裳華房
●加藤文元 著『ガロア 天才数学者の生涯』KADOKAWA

監修：NHK「笑わない数学」制作班
　　　青木美穂（島根大学総合理工学部教授）
ライター：龍孫江

テーマ6 ガロア理論

ミレニアム懸賞問題

the millennium prize problems

　テーマ1「素数」に登場した未解決問題「リーマン予想」は、ミレニアム懸賞問題という問題の1つです。ここでは、その「ミレニアム懸賞問題」を簡単に紹介します。

　「ミレニアム懸賞問題」とは、クレイ数学研究所が2000年に発表した、数学における7つの問題のことです。1問につき100万ドルの懸賞金がかけられています。問題が解けたと宣言するだけでは懸賞金をもらうことはできず、査読つきの専門雑誌に掲載された後、2年間の経過措置を経て、解決したと学界に受け入れられてはじめて、懸賞金をもらうことができます。

　では、7つの問題を見てみましょう。

　どの問題も、問題の意味そのものがさっぱりわからないと思います。本書で問題の解説をすることもかなり難しいものがあります。

　「ミレニアム問題を解いてやる！」と意気込んでいる方は、まずは問題を構成している数学用語を1つずつ理解していくと良いと思います。本書の読者の中から、ミレニアム問題を解決する方が現れることを願っています。

未解決問題

ヤン‐ミルズ方程式と質量ギャップ問題

任意のコンパクトな単純ゲージ群 G に対して、非自明な量子ヤン‐ミルズ理論が $\mathbb{R}^4$ 上に存在し、質量ギャップ $\Delta > 0$ をもつことを証明せよ。

未解決問題

リーマン予想

リーマンゼータ関数 $\zeta(s)$ の非自明なゼロ点はすべて実部が $\dfrac{1}{2}$ の直線上に存在する。

P対NP問題

計算複雑性理論におけるクラスPとクラスNPが等しいか否か。

ナビエ‐ストークス方程式の解の存在と滑らかさ問題

3次元空間内の流体の運動を記述する偏微分方程式である
ナビエ‐ストークス方程式について、任意の初期速度場に対して、
解となる速度ベクトル場と圧力のスカラー場で、
双方とも滑らかで大域的に定義されるものが存在するか。

ホッジ予想

非特異複素射影多様体のコホモロジー類のうち、ホッジ類は
すべて代数的だろう、つまり、複素部分多様体のホモロジー類の
ポアンカレ双対の有理係数の線形和として表されるだろう。

バーチ・スウィンナートン＝ダイアー予想

楕円曲線 E 上の有理点と無限遠点Oのなす
有限生成アーベル群の階数（ランク）が、
E の L 関数 $L(E, s)$ の $s = 1$ における零点の位数と一致する。

ポアンカレ予想

解決！

単連結な3次元閉多様体は3次元球面 S^3 に同相である。

→ミレニアム問題の中で唯一解決している問題です。グレゴリ・ペレリマンに
より解決されました。

2010年3月18日にクレイ数学研究所はペレリマンの受賞を発表しましたが、
ペレリマンはこの受賞を拒否し、100万ドルの懸賞金は数学界へ貢献する形
で使われることになっています。

あとがき

afterword

　「なぜ『笑わない数学』というタイトルなんですか?」という質問をいただくことがあります。もちろんお笑い芸人の尾形さんがギャグを封印するという意味なのですが、理由はもう一つあります。

　「わらすう」のプロデューサー陣はいつも数学や科学の番組を作っているわけではありません。社会や歴史や情報番組などを扱う部署に所属していて、科学系の番組を制作することは滅多にないのです。けれど時折、理科系のトピックを取り上げるとき、気になることがありました。制作現場には科学や数学を理解しようとする意志が弱いんじゃないか、と思えることがよくあるなあと。例えば理科系のトピックについて番組キャスターやスタッフたちと打ち合わせをするとき、彼らはしばしば笑いながら、「苦手なんだよねぇ」と逃げを打つようなことを言ったりします。政治や経済などの問題についてはまるで専門家のように語るのに…。日本のジャーナリズムの世界は多くの場合、文系社会であるような気がします。「科学、中でも数学は苦手で当然」、いや「数学のことなんて知らなくてもいい」。そんな意識があるように思います。伝える側のリテラシーがこれでいいのかと感じることがよくありました。だから思ったのです。笑って逃げを打つのとは真逆の、科学や数学を熱く熱く語る番組があった方がいいんじゃないかって。「笑わない数学」というタイトルにはこんな意味も込められています。

　でもその結果、番組作りはディレクターたちにとっては茨の道となりました。

超難解な理論を必死に勉強しなくてはいけなくなったわけです。最も悩んだのは、数学の論理展開をどう語れば視聴者に分かりやすく、かつ数学者から見ても違和感がないようにできるか、ということでした。

　もちろんこうした苦労は、制作に関わったすべての方々が一緒に背負って下さったことは言うまでもありません。監修の数学者の皆さん、ロケを担当したカメラクルーや海外コーディネーター、映像編集を担当した編集マン、スタジオの技術・美術スタッフ、MCの尾形貴弘さん、ナレーションの合原明子アナ、センス抜群のCGを制作した映像デザインのスタッフ、細かい効果音と素晴らしい音楽で番組を仕上げた音響デザインのスタッフ。番組に関わって下さったすべての皆さまに心からのお礼とお疲れ様を申し上げます。

　この本の編集を担当して下さったKADOKAWAの小嶋康義さんとライターの皆さまにも深くお礼を申し上げたいと思います。番組スタッフがテレビで伝えきれなかった数々のエピソードを巧みに構成し、数学の奥深さを表現してくださいました。

　最後に、『笑わない数学』を好きになって下さった視聴者の皆さまには格別のお礼を申し上げます。ありがとうございました。またどこかでお目にかかりましょう！

オイラーの没年月日からちょうど240年目の日に

NHK『笑わない数学』プロデューサー　井手真也　立花達史

索引

index

■■■■ さ行 ■■■■

■■■■ た行 ■■■■

笑わない数学
　パンサー尾形貴弘が難解な数学の世界を大真面目に解説する異色の
知的エンターテインメント番組。レギュラー番組としてNHK総合テ
レビで、シーズン1が2022年7月から9月まで、シーズン2が2023年10
月から12月まで放送。シーズン1はギャラクシー賞テレビ部門の2022
年9月度月間賞に選ばれた。過去の番組はNHKオンデマンドやDVDで
確認することができる。

執筆協力
・キグロ
　数学イベント「日曜数学会」「数学デー」の運営。
　X（旧Twitter）：@kiguro_masanao
・onewan
　数学イベント「関西日曜数学友の会」を運営。
　X：@ONEWAN
・龍孫江
　数学イベント「数学カフェ」運営、「数学デーin名古屋」世話人。
　X：@ron1827
　YouTube：@ron1827

笑わない数学

2023年12月11日　初版発行
2024年 8 月10日　 6 版発行

編／NHK「笑わない数学」制作班

発行者／山下　直久

発行／株式会社KADOKAWA
〒102-8177　東京都千代田区富士見2-13-3
電話　0570-002-301(ナビダイヤル)

印刷所／TOPPANクロレ株式会社
製本所／TOPPANクロレ株式会社